命はぐくむ
生きもの家族図鑑

監修：今泉忠明
編：グループ・コロンブス

大日本図書

はじめに

ほほえましい生きものの親子、家族を見ているといやされますね。この本では生きものたちの家族のことを紹介しています。ゴリラ、ライオン、ゾウ、キリン、カバ……など、世界にはたくさんの種類の生きものがいますが、まるで人の家族のようにくらしているものがいます。オスやメスがいて、子どもたちが遊んでいるという光景はまるで人間社会のようです。この家族の形は、くわしく見ると人とは少しずつちがいがあるし、種類によってもちがいがあることがわかります。

どのような家族でくらしているのかは、すんでいる場所が、陸か海か、暑いか寒いか、海岸沿いか山岳地帯か、森林か草原か、雨が多いか少ないかなどによってちがいます。また、食べものをたくさん食べるかどうか、水をたくさん飲むかどうか、大きな巣が必要か必要でないかなどによっても家族の形はちがいます。体の大きさも重要です。生きものたちは何百万年もの間くらすうちに、自分

たちにもっとも都合の良い家族の形をつくりあげてきたのでしょう。

人間も大昔は野生動物の家族のようにくらしていたにちがいありません。でも、人は野生動物とはちがった方向に発展してきました。この発展の元には家族の形がとても良かったことがあるでしょう。文化の発展とともに人の家族の形は急激に変わってきました。これからも変わっていくでしょう。生きものたちの家族の形は、環境が変わらない限り、大きく変わるものではありません。

ページをめくりながら、生きものたちの家族は人とどこがにていて、どこがちがうのか、なぜちがいがあるのかなど、いろいろ比べたり考えたりしてみてください。ふだん家族の形ということはあまり考えません。あなたは生きものたちのどういう形の家族が好きですか。人間の家族というものがどうあるべきか、よく理解できるようになると思います。

今泉忠明

もくじ

はじめに……………………………………………………………… 2

■ゴリラ………………………………………………………………… 6
　ゴリラの家族(かぞく)…………………………………………………… 8
■ライオン……………………………………………………………… 10
　ライオンの家族(かぞく)………………………………………………… 12
■ゾウ…………………………………………………………………… 14
　ゾウの家族(かぞく)……………………………………………………… 16
■キリン………………………………………………………………… 18
　キリンの家族(かぞく)…………………………………………………… 20
■カバ…………………………………………………………………… 22
　カバの家族(かぞく)……………………………………………………… 24
■ダチョウ……………………………………………………………… 26
　ダチョウの家族(かぞく)………………………………………………… 28
●あかちゃんたちがかわいいひみつ……………………………… 30
■パンダ………………………………………………………………… 32
　パンダの家族(かぞく)…………………………………………………… 34
■カンガルー…………………………………………………………… 36
　カンガルーの家族(かぞく)……………………………………………… 38
■コアラ………………………………………………………………… 40
　コアラの家族(かぞく)…………………………………………………… 42
■オオカミ……………………………………………………………… 44
　オオカミの家族(かぞく)………………………………………………… 46
■トラ…………………………………………………………………… 48
　トラの家族(かぞく)……………………………………………………… 50
●生(い)きものたちのくらし方(かた)……………………………………… 52
■ホッキョクグマ……………………………………………………… 54
　ホッキョクグマの家族(かぞく)………………………………………… 56
■ラッコ………………………………………………………………… 58
　ラッコの家族(かぞく)…………………………………………………… 60

■クジラ	62
クジラの家族	64
■ペンギン	66
ペンギンの家族	68
●気持ちを伝える！生きものたちのコミュニケーション	70
■ワニ	72
ワニの家族	74
■タコ	76
タコの家族	78
■カエル	80
カエルの家族	82
■ツバメ	84
ツバメの家族	85
■カラス	86
カラスの家族	87
■クマ	88
クマの家族	90
■イノシシ	92
イノシシの家族	94
■キツネ	96
キツネの家族	98
■サル	100
サルの家族	102
■サケ	104
サケの家族	105
●生きもの家族 もっと知りたい！調べよう!!	106

さくいん ……………………………………… 110

ゴリラ

ゴリラのあかちゃんは、アフリカの森で生まれます。
大きなおかあさんに、小さな小さなあかちゃん。生まれたときは、目もよく見えません。
でもあかちゃんは、すぐにおかあさんの胸にしがみついて、おっぱいを飲みます。
おかあさんはやさしくだっこします。あかちゃんは、おかあさんといっしょにいると、安心です。だから、おかあさんとあかちゃんは、朝も夜もずっといっしょ。
おかあさんは、大事にあかちゃんの世話をします。
そんな母と子や家族をきけんから守ってくれるのは、力強いおとうさん。
あかちゃんは、少し大きくなると、おとうさんやきょうだいたちといっぱい遊んで、元気にたくましく育っていきます。

写真は、ヒガシゴリラの家族です。

ゴリラは、ヒトやオランウータン、チンパンジーとおなじ類人猿です。
アフリカの熱帯雨林にくらし、すむ場所（低地・高地）のちがいでヒガシゴリラとニシゴリラの2種類がいます。
サルのなかまの中では、もっとも大きな体で、オスの体重はメスの2倍あります。
おとなのオス1頭とメス数頭、その子どもたちで群れをつくり、食べものの木の葉や草をさがして、森の中を移動しながら、くらしています。
性格は、とてもおだやか。手をついて歩くナックルウォークと、胸をたたいて合図をおくるドラミングが特ちょうです。

野生では双子はたいへんめずらしい。

ゴリラの家族

ゴリラは、シルバーバックとよばれるおとうさんを中心に、10頭くらいの群れでくらしています。
オスゴリラはおとなになると、背中の色が銀白色になり、シルバーバック（銀色の背中）になるのです。
群れは、オス1頭と何頭かのおとなのメス、その子どもたちのあつまりで、いつもいっしょに行動します。
オスはおとなになる12さいくらい、メスは6さいくらいで、群れをはなれ、新しい家族をつくります。

大きな体と背中の色が目印

シルバーバック ＝ おとうさん

おとうさん（オス）　おかあさん（メス）　（メス）　子ども　子ども　子ども　子ども　子ども

いつも あかちゃんは おかあさんといっしょ

ゴリラは4〜6年ごとに、1頭のあかちゃんを産みます。
あかちゃんは、生まれるとすぐに、おかあさんのおっぱいを飲み、大きくなります。
1さいくらいで歩きだし、おかあさんのまねをして葉っぱや草などを食べるようになりますが、3さいくらいまではおっぱいも飲んでいます。

あかちゃんはおかあさんの毛をしっかりにぎっています。

1日になんどもおっぱいを飲みます。

手やあしも、遊びながら強くなっていきます。

遊び大好き！

ごっこ遊びもおとなになる準備です。

ゴリラの子どもは、遊びが大好き。手やあしを使って、失敗しながら、だんだんできるようになっていきます。いろいろな遊びを考えるのも得意です。

おとうさんは家族のリーダー

大きなシルバーバックは、群れの中でも、ひときわ目立ちます。
そのおとうさんを中心に、家族は森の中を移動してくらしています。ゴリラの食べものは、木の葉や実、草なので、ずっとおなじ場所にいると食べものがなくなるからです。
きょうだいげんかを止めに入ったり、あかちゃんをねらうヒョウなどの敵を遠ざけるのも、おとうさんの役目です。

こら！なかよくしなさい

シルバーバックは、いつでもみんなをやさしく見守ります。

葉っぱのベッドでおやすみなさい

ゴリラは、土の上に、葉っぱや木の枝をしきつめたベッドをつくり、ねむります。
目が覚めると、ベッドの上でうんちやおしっこをするくせがあるので、ベッドはねむるたびに新しくつくります。
子どもたちは、おかあさんやおとうさんのベッドに入ったり、きょうだいでいっしょに、ひとつのベッドでねむったりします。5さいくらいになると、自分のベッドをつくるようになります。

いっしょにすやすや。

ゴリラ・子育てメモ

- おかあさん…背の高さ・およそ 145cm　体重およそ 90kg
- あかちゃん…背の高さ・およそ 50cm　体重およそ 2kg
- おっぱいの数…2個
- 一度に生まれる子どもの数…ふつう 1 頭
- お腹の中にいる妊娠期間…250～270 日
- おっぱいを飲む受乳期間…540～1100 日

ライオン

ライオンのおかあさんは、お産が近づくと群れからはなれて1頭になります。
木のしげみの中などにこもり、2〜5頭のあかちゃんを出産します。
百獣の王とよばれるライオンですが、あかちゃんはとてもか弱く生まれます。
生まれてすぐは、目もよく見えず、立つこともできません。

おかあさんは、そんなあかちゃんを、つきっきりで世話をします。
ほかの動物たちから見えない場所で、横になりおっぱいをあげます。
あかちゃんも、いっしょうけんめいおっぱいを飲んで大きくなります。
群れにもどれば、狩りの主役になるおかあさん。
ひとときの、しずかでおだやかな時間です。

写真は、アフリカライオンの家族です。

ライオンは、アフリカのサバンナにすむ肉食動物です。
たてがみのあるオス1〜3頭を中心に、群れで生活しています。
群れの中には数頭のメスがいて、出産のころには、それぞれ群れをはなれ、子どもを産みます。
出産後、しばらくすると、子どもをつれて、また群れにもどります。
狩りをするのは、おもにメス。子どもはおとなの狩りを見て、学んでいきます。
ネコ科であるライオンは、ネコとおなじく、よくなかまに頭や体をこすりつけます。みとめてもらうあいさつなのです。
ライオンの子どもは、多くて4〜5頭生まれますが、2さいまで育つのは半分以下です。

ライオンの家族

群れからはなれて出産

出産が近いライオンのメスは、群れからはなれて、木や草のしげみ、岩かげなどにこもります。ライオンのあかちゃんは、小さくか弱く生まれるので、ハイエナやジャッカルなどに、ねらわれるからです。

あかちゃんは一度に2～5頭、生まれます。おかあさんのおっぱいは4つなので、うばいあいになることもあります。

あかちゃんが小さいうちは、しばらく母と子だけですごします。

子どもの数だけ、往復します。

まだらのもようは、あかちゃんのしるし。大きくなるにつれて、だんだんと消えていきます。

あかちゃんをくわえてひっこし

外からは見えない場所でも、おなじ場所にずっといると、あかちゃんをねらう敵に、においで見つかってしまいます。

そのため、2～3日に1回くらい、ひっこしをします。

おかあさんは、あかちゃんの首を口でくわえて、1頭ずつはこびます。

群れにもどって

あかちゃんが歩けるようになる6週間くらいで、おかあさんと子どもたちは、群れにもどります。

群れには、おとうさんと、ほかのメスや子どもたちもいます。

たてがみのあるおとうさんは、見るからに強そうです。これからは、おかあさんだけでなく、おとうさんも、あかちゃんたちを守ります。

子どもたちは、追いかけっこやとっくみあいなど、たくさん遊んで育ちます。

オスの子どもは1～2さいくらいで、たてがみが生えだし、3さいくらいで生えそろいます。

しっぽで遊ぶのが大好き。

おかえり～

ライオンは、おもにメスが狩りをします。
狩りのときは、2頭くらい群れに残り、子どもの世話をします。

群れの子どもはみんなで育てる

群れには、おかあさんのほかに、数頭のメスがいます。
狩りはおもにメスの仕事なので、おかあさんが狩りにでかけることもあります。
そんなときは、狩りにでていないメスが留守番で子どもたちを守ります。
おかあさんは、自分の子ども以外のあかちゃんにも、おっぱいをあげます。
群れの子どもは、メスライオンみんなのおっぱいで育つのです。
このように、群れは協力して、子育てをします。
子どもたちは、おっぱいだけでなく、3か月ごろからは、おかあさんがかんだ肉も食べはじめます。

ライオンの群れ

オス 1〜3頭
メス 3〜10頭
子ども 数頭

このような家族構成の群れを「プライド」とよびます。

おかあさんになめてもらう

ライオンの舌は、やすりのように、ざらざらしています。
これは、毛づくろいをしたり、骨から肉をそぎ落とすのに、むいています。
おかあさんは、このざらざらの舌で、あかちゃんをよくなめて、あかちゃんについた寄生虫やよごれをとります。
また、なめてもらうと刺激で排出がうながされ、あかちゃんは、うんちやおしっこがでやすくなります。

おかあさんはあかちゃんを、1日に何度もなめます。

ライオン・子育てメモ

- おかあさん…体の大きさ・140〜175cm　体重 120〜180kg
- あかちゃん…体の大きさ・およそ25cm　体重およそ1kg
- おっぱいの数…4個
- 一度に生まれる子どもの数…2〜5頭（平均3頭）
- お腹の中にいる妊娠期間…100〜119日
- おっぱいを飲む受乳期間…およそ180日

アフリカのサバンナにくらすアフリカゾウは、陸上のほ乳類の中で、最大の動物です。草や木の葉、実、根などの植物を、1日に150kg以上も食べます。うんちも大きく、1日に100kgほどします。

オスは12さいをすぎると、家族からはなれます。オスだけの群れや1頭でくらし、繁殖のときだけメスとすごします。

メスはおとなになっても群れにのこり、群れの中で子どもを産み育てます。

ゾウの体は死ぬまで成長し続けるので、長老であるほど、大きな体をしています。また、古いできごとを覚えていたり、ゾウのことばでなかまと伝えあったりするといわれています。

ゾウ

ゾウの家族は、おとなはメスだけの大家族です。

おばあちゃん、おかあさん、おばさん、おねえさん‥。

子どもたちは、このたくさんのおとなのメスの中で生まれ、そして育ちます。

リーダーのゾウやその家族たちは、力を合わせ、新しく生まれる命を守り、世話をします。

大きな体をじょうずに生かし、長い鼻をゆったり使って、みんなで協力しあいます。

大切に育てられたあかちゃんの記憶は、やがてはまた新しい命へと、つながっていきます。

写真は、アフリカゾウの家族です。

ゾウの家族

群れの中で生まれます

ゾウは10〜15頭で、群れをつくってくらしています。
群れのおとなは、すべてメス。
お産も群れのメスが手伝い、家族が見守る中で生まれます。
あかちゃんがおかあさんのお腹にいるのは、およそ22か月。ほ乳類の中で最長です。
生まれたばかりのあかちゃんの大きさは、120kgほど。
おかあさんのお腹の中で、大きく育って、生まれてきます。

生まれたばかりのあかちゃんを見守る家族

●妊娠期間
 ヒト やく9か月
 カイウサギ 30〜32日
 ライオン 100〜119日

鼻を持ちあげておっぱい

前あしのあいだに大きなおっぱいが2つあります。

ゾウのあかちゃんは、おかあさんにたすけられながら、生まれて30分ほどで立ちあがります。
おかあさんは、あかちゃんがおっぱいを飲みやすいように、前あしをずらして立ちます。
するとあかちゃんは、すぐにおっぱいを見つけて、鼻を持ちあげ、口をつけておっぱいを飲みます。
ふつう鼻を使って水を飲むゾウが、直接口をつけて飲むのは、一生のうちで、おっぱいだけだといわれています。

家族に守られて育ちます

小さなあかちゃんは、おとながかこんでゆっくり歩きます。
立ちどまるときは、あしのあいだにいれて、守ります。
おとなのゾウは、おそわれることはありませんが、子どもはハイエナやライオンなどにねらわれることもあるからです。
ゾウの体は、生まれてから死ぬまで、成長し続けます。
そのため、群れの中で一番大きなゾウは、家族最高齢のおばあちゃんです。

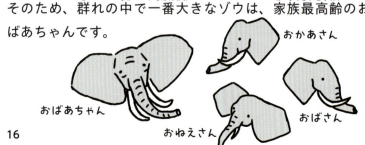
おばあちゃん / おかあさん / おねえさん / おばさん

小さなあかちゃんは、家族みんなでささえあいます。

長い鼻はとても便利

あかちゃんは、生まれてすぐは、自分の鼻をふんでしまうこともあります。でも、大きくなるうちに、だんだんとなれていきます。
1か月くらいで、鼻を使って水を飲むことができるようになります。
ゾウの鼻は、水の中での呼吸や、草など、ものをつかんだりするのにも便利です。水浴びにも使います。
また、鼻をからませてあいさつしたり、鼻でふれて気持ちを伝えたりすることもできます。

川をわたるときは、鼻を川面につきだして、呼吸します。

アフリカゾウの鼻先は、上と下がとがっていて、ものをつかみやすくなっています。

おかあさんと体がふれあうと、子どもは安心します。

あかちゃんをひざしから守る

長く歩くのは、あかちゃんには大変なことです。
つかれると、地面に横になって休むこともあります。
暑いときは、おとながかげをつくり、あかちゃんを強いひざしから守ります。

おとなはすぐに動けるよう、立って休みます。

ゾウ・子育てメモ

- おかあさん…体の大きさ・640〜660㎝　体重およそ 3t
- あかちゃん…体の大きさ・およそ 180㎝　体重およそ 120kg

- おっぱいの数…2個
- 一度に生まれる子どもの数…1頭
- お腹の中にいる妊娠期間…およそ 660日
- おっぱいを飲む受乳期間…およそ 720日

キリン

キリンのおかあさんの後ろあしのあいだ高さ2mから、すとん！
キリンのあかちゃんは、生まれおちます。
そしてすぐに、サバンナの大地に、よろよろと立ちあがります。
ぬれているあかちゃんの体を、おかあさんはやさしくなめます。
あかちゃんは、首をのばして、おっぱいをさがします。
おかあさんは首をまげて、おっぱいのある後ろあしの奥へと、あかちゃんをそっと押しだします。
あかちゃんは、1〜2週間ほどおかあさんとすごしたあと、なかまとともに、サバンナで生きていく方法を身につけながら、たくましく成長していきます。

写真は、マサイキリンの家族です。

キリンは、アフリカの草地サバンナで、木の葉を食べてくらす草食動物です。アミメキリン、マサイキリンなどの種類があり、すむ場所やもよう、体つきにちがいがあります。
地上で一番背が高い動物で、生まれてすぐのあかちゃんも、180cmくらいあります。
出産のすぐあと以外は、オス1頭とメス数頭、その子どもたちの群れで行動します。
サバンナには、キリンをねらう肉食動物がたくさんいるので、とても注意深く、ねむるときも立ったままのことが多いです。
オスは、メスをめぐって、長い首をぶつけあうスパーリングをして、たたかいます。強さくらべをして、勝ったものが、たくさんの子孫を残すことができます。

キリンの家族

2mの高さからこんにちは

キリンは立ったまま、お産をします。
おかあさんの後ろあしのあいだから、あかちゃんは2m下の地面へと生まれおちます。
おかあさんのお腹の中で14〜15か月すごして生まれてきます。あかちゃんは、目も見え、耳も聞こえ角も生えています。
おかあさんとおなじように首や手あしが長く、あみめのもようもしっかりついています。

一度に生まれるあかちゃんは、1頭です。

生まれて30分ほどで、立ちあがります。

あかちゃんは、おかあさんの後ろあしのあいだに首をのばし、おっぱいを飲みます。
あかちゃんには、おとなとおなじように生まれたときから角が生えていますが曲がっています。
生まれるときやおっぱいを飲むときも、角はじゃまになりません。
成長するうちに、だんだんと立ってきます。

2〜3週間で木の葉を食べはじめますが、おっぱいも1年くらい飲み続けます。
おとなたちは、木の低いところの葉は食べずに、子どもたちのためにとっておくようです。

出産は群れからはなれて

出産が近づいたメスは、群れの場所からはなれた、お産のための場所へ行き、あかちゃんを産みます。
草や低い木のあいだで、今までもたくさんのメスたちが、お産のときに使ってきた場所です。
生まれて1〜2週間はあかちゃんをねらうハイエナなどに見つかりにくいここで、おかあさんとあかちゃんだけですごします。
また、ほかのメスも遠ざけて、母と子だけで静かにすごします。

あかちゃん保育園

生まれて1〜2週間で、群れにもどったあかちゃんは、子どもたちのあつまりに入ります。

おかあさんは、あかちゃんをこのあつまりにあずけて、遠くの場所まで食べものをさがしにでかけます。

子どもたちは、保育園のように、みんなで葉を食べたり、遊んだりしてすごします。

夕方、いっぱい葉を食べて帰ってきたおかあさんから、あかちゃんはおっぱいをたくさんもらいます。

キリンまめちしき

もようはみんなちがいます

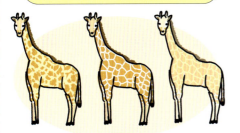

キリンのあみめもようは、1頭1頭ちがいます。

もようは生まれてからずっと変わりませんが、季節や体の具合で、色は少し変わることもあります。

また、すんでいる地域や種類でも、もようの形や色は変わってきます。

ぐっすりねむるときでも、長くて5分ほど、こんなポーズでねむります。

立ったままでねむる

キリンは、遠くの敵をすぐに見つけられるように、休むときもねむるときも、立ったままです。

あしをたたんですわって休むこともありますが、2〜3時間くらいです。

首でたたかうスパーリング

オスは、メスをとりあうときに、角でお互いを打ちあう、スパーリングとよばれる力くらべをすることがあります。

太くてじょうぶな首は、強いオスのあかしなのです。

キリン・子育てメモ

- おかあさん…背の高さ・390〜450cm　体重 700〜950kg
- あかちゃん…背の高さ・およそ180cm　体重およそ60kg
- おっぱいの数…4個
- 一度に生まれる子どもの数…1頭
- お腹の中にいる妊娠期間…420〜450日
- おっぱいを飲む受乳期間…およそ300日

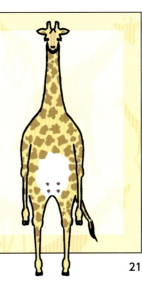

カバ

重そうでどっしりとしたカバのおかあさんは、水の中で1頭のあかちゃんを産みます。
水中にふわりとでてきたあかちゃんを、おかあさんは水の上へと押しあげます。
水の中も水の上も、あかちゃんにははじめての世界。
でも強くてやさしいおかあさんが、いつもそばにいてくれるから安心です。
水の中では、おかあさんの背中に乗り、おっぱいも水中で、ぷかぷか、ごくごく。
そして少し大きくなると、きょうだいたちのくらすカバの群れに、なかま入りします。
あかちゃんは、おかあさんといっしょに大集団の中で、すくすく大きな体に育っていきます。

カバは、ほ乳類の中でも、とても体重のある動物です。
水の中は、重たい体を楽に動かせるので、大好きです。
また水中は、敵も少なく安全で、体を暑さから守るためにもよいのです。
昼間はおもに水中にいますが、夜には陸にあがり、草や木の葉などを食べます。
母と子だけですごす出産後以外は、メスとその子どもたちの大きな群れでくらしています。
群れは大きく、100頭になることもあります。
よく開く大きな口には、きばもあります。ごつい顔つきに見えますが、皮ふについた虫を食べる鳥たちともなかよしです。

カバの家族

水の中で生まれます

カバは2年に一度、1頭のあかちゃんを、水の中で出産します。
水中では息ができないので、あかちゃんは生まれるとすぐに、水面にでて、鼻で息をします。水中では、鼻と耳をとじることもできますが、おとなのように長くもぐっていることはできません。
でも目も見えて、耳も聞こえています。

カバは、生まれてすぐに、陸を歩くこともできます。
おかあさんとあかちゃんは、ぴったりくっついて歩きます。

おっぱいも水中で

カバは受乳も水中です。
あかちゃんは、生まれるとすぐに、水中でおっぱいを飲みます。
子どもは水にもぐっておかあさんのおっぱいを飲みます。
水の中のほうが、敵にねらわれず、安心だからです。
4か月ごろからは、おとなといっしょに陸にでて、草を食べるようになりますが、おっぱいも12か月くらいまで、飲んでいます。

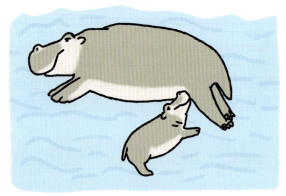
後ろあしのあいだに大きなおっぱいが2つあります。

おかあさんといつでもいっしょ

あかちゃんを産んですぐのおかあさんは、あかちゃんを守るのにいっしょうけんめいです。出産後10日間は、あかちゃん以外の子どもはよせつけません。
そのあとは、きょうだいもいっしょに、あかちゃんとおかあさんと、遊んだり休んだりします。
2〜3か月で群れにもどりますが、子どもたちは5〜7年おかあさんといっしょにすごして大きくなります。

水の深いところでは、おかあさんの背中にあかちゃんが乗ってすすみます。

水中では息ができないので、水面に顔をだして、鼻で息をします。

大きな口で力くらべ

カバの口は、大きく、ガバッと開きます。
この大きな口で、なわばりを守るために、たたかいます。
親子でも、口をあけてぶつけあうこともありますが、これはきずなを深める遊びです。
子どもどうしでも、口をあけて力くらべをします。
遊びながら、学んでいきます。

カバの口は150度くらい開きます。

大きな群れで

カバの群れは、メスとその子どもたち、数十頭のあつまりです。
オスはおとなになると群れをでますが、メスは一生群れの中ですごします。
子どもたちは、大きな群れの中で、おとなへと育っていきます。

なかには100頭をこえる群れもあります。

カバ・子育てメモ

- おかあさん…体の大きさ・280～370㎝　体重1200～2500kg
- あかちゃん…体の大きさ・およそ80㎝　体重およそ30kg
- おっぱいの数…2個
- 一度に生まれる子どもの数…1頭
- お腹の中にいる妊娠期間…210～240日
- おっぱいを飲む受乳期間…240～360日

ダチョウ

ダチョウのおとうさんとおかあさんは、40日ものあいだ交代でたまごの世話をします。
たまごは鳥の中で一番大きく、地球の生きものの中でも一番大きいたまごです。
たまごから、最初のあかちゃんが生まれると、4日ほどでつぎつぎに殻をやぶってでてきます。殻がなかなか割れないときは、親も外からつついて手伝います。
あかちゃんの羽の色は、おとうさんとおかあさんともちがい、敵から見つかりにくい地面によくにた色をしています。
無事に生まれたあかちゃんは、大きなおとうさんやおかあさんのあとについて、ならんで歩きはじめます。

鳥類の中で最大の大きさのダチョウは、アフリカのサバンナという乾燥したところにくらしています。羽はありますが、飛ぶことはできません。飛ぶための筋肉をささえる骨がないのです。
そのかわり、とても速く走ることができます。そのひみつは、あしの指。あしの指が2本しかないのは、鳥の中でダチョウのなかまだけです。
1本の指にするどい爪があり、その指で地面を強くけることができるので、時速70kmもの速さで走ることができます。キックする力も強く、敵を追いはらうこともできます。
また直径が5cmの大きな眼球は、陸の生きものの中で一番の大きさです。

ダチョウの家族

たくさんのおかあさん

ダチョウは、オスとメスで羽の色がちがいます。
黒い羽のオス1羽と、灰色がかった茶色い羽のメス数羽で群れをつくります。
オスの首とあしがピンク色になると、繁殖期のしるし。
子育ての季節がはじまります。

群れは、オス1羽に3～6羽のメスがいます。

繁殖期のオスの姿

地球一大きなたまご

ダチョウのたまごは、今いる生きもののたまごの中で一番大きく、たまご1個の重さは、ニワトリのたまご30個分の重さとおなじくらいです。
大きいだけでなく、殻がとてもじょうぶ。人間が乗っても割れないかたさで、殻のあつさは2㎜。
ニワトリのたまごの5倍のあつさです。
形は、ニワトリのたまごよりもまるいです。

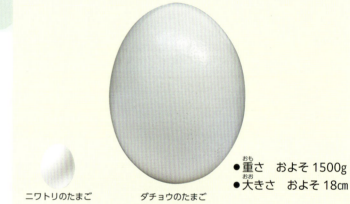

ニワトリのたまご　　ダチョウのたまご

● 重さ　およそ1500g
● 大きさ　およそ18㎝

たくさんのたまご

オスが穴をほってつくった巣に、それぞれのメスが10個ずつくらいたまごを産みます。
巣の中にはおよそ数十個のたまごがあつまります。
たくさんのたまごのおかあさんの中で、一番強いメスだけがオスといっしょにたまごを守ります。
最初に強いメスがたまごを産むと、ほかのメスたちは、そのまわりにたまごを産みます。
外がわは敵にねらわれやすいので、強いメスのたまごが残りやすいです。こうすることで、強いメスのたまごを守ります。
無事たまごがかえったときは、どのたまごから生まれたひなも、おなじように子育てします。

たまごをならべかえるメス

たまごをねらうエジプトハゲワシは、ダチョウの重たくかたいたまごを、石で割って食べます。

夜の見守り係はおとうさん

ダチョウは、おとうさんとおかあさんが協力して、たまごを守ります。
夜は、おもにおとうさんが守ります。
おとうさんは黒い羽なので、夜、目立ちにくいためといわれています。

夜はまかせろ！

ひなたちはいつもいっしょ

たまごから生まれたひなたちは、すぐに歩くことができ、自分で草などの食べものをさがします。
でもバラバラにならず、たくさんのきょうだいたちは、いつもいっしょにいます。
そのほうが、安全だからです。
子どもでも、大きな目で、遠くを見ることができ、敵に気づくこともできますが、おとうさんとおかあさんも、いつも見守っています。
ハイエナやライオンが近づくと、おかあさんとおとうさんが協力して、追いはらいます。

キョロキョロキョロ

コラ〜ッ！

ダチョウ・子育てメモ

- おかあさん…背の高さ・175〜190㎝　体重90〜110kg
- あかちゃん…背の高さ・30〜40㎝　体重およそ1kg
- あしの速さ…時速およそ70km
- あしの指…2本
- 眼球…直径およそ5㎝
- 一度に産むたまごの数…およそ10個
- たまごの大きさ…およそ18㎝　重さおよそ1500g
- たまごがかえるまでの日数…およそ42日

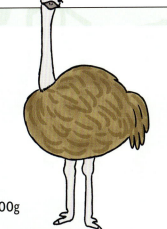

かわいい あかちゃんたち が ひみつ

チンパンジー

レッサーパンダ

チーター

ヤギ

シマリス

オオアリクイ
（親子）

タヌキ

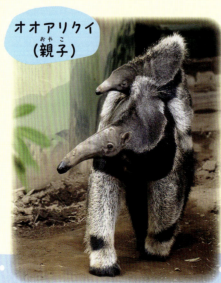

どんな生きものも、あかちゃんはとてもかわいいです。
ふわふわで、まるみがあって、頭が大きく、
目と口をむすんだ線と、目と目をむすんだ線の長さがおなじです。
小さくてかわいいからこそ、おとなはいっしょうけんめい守り、育てます。
こうして、きびしい自然の中で、か弱い命は生き残ってきました。

カルガモ

ウサギ

フクロウ

シカ

カピバラ

ニワトリ
（ヒヨコ）

アシカ

パンダ

中国の山奥の木のほらなどで、パンダのあかちゃんは生まれます。
小さな小さなあかちゃんです。
おかあさんはやさしくだっこして、ゆらしながら、おっぱいをあげます。
おかあさんはあかちゃんの顔をのぞき込みます。
あかちゃんが「ウィーン」と鳴くと、おかあさんもその声にこたえます。
おかあさんは大好きな竹を食べるひまもないほど、あかちゃんの世話にいっしょうけんめいです。
おかあさんとあかちゃんだけで大事にすごす毎日。
あかちゃんはぐんぐん大きく育っていきます。

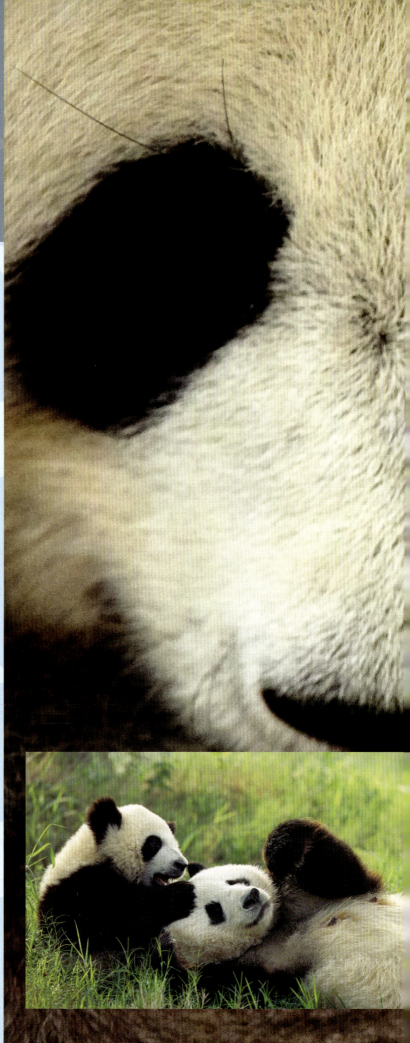

写真は、ジャイアントパンダの家族です。

ジャイアントパンダは、クマのなかまでとても大きな動物ですが、おもな食べものは竹です。もともとは肉食でしたが、進化する中で、たくさん竹を食べるようになりました。
でも、腸などの器官は肉食のままなので、よく消化できません。そのため、たくさんの竹を食べなければならないので、おきているあいだは、ずっと食べ続けています。
パンダのオスとメスの出あいは春。メスは夏から秋に1〜2頭のあかちゃんを産み、子育てはメスだけがおこないます。2頭生まれても、つきっきりの世話は1頭で精一杯のため、無事に育つのは1頭だけです。
それでもおとなになるのはむずかしく、また環境の変化もあり、野生のパンダの数は減ってきています。

パンダの家族

とても小さく生まれます

パンダのあかちゃんは、とても小さく生まれます。人の手のひらに乗るほどの大きさで、重さは100gほど。生まれるとすぐに、おかあさんはあかちゃんをなめてきれいにします。
まだ白黒もようはありません。
毛があまりないので、体温がさがらないように、おかあさんはいつもだっこしています。
生まれて2〜3日は、おかあさんはなにも食べず、ねむらず、つきっきりで世話をします。

生まれたばかりのあかちゃんを前あしでやさしくだっこします。

アドベンチャーワールド楓浜の成長記録

0日
ピンク色の体に白い毛が少しだけ。長いしっぽがあり、目はとじています。

14日
1〜2週間で、うっすら白黒もようがでてきます。

30日
もようがはっきりしてきます。

401日
竹のかたいところも食べられるようになります。

225日
歯が生えて、竹をかじって遊ぶようになります。

110日
上あごの左右に乳歯が生えてきました！
ゆっくり歩きだします。

いつもいっしょ

パンダは群れをつくらないので、子どもどうしで遊ぶことはなく、大きくなります。
1さい半〜2さいでひとり立ちするまで、おかあさんとずっといっしょです。

遊ぶときもおかあさんといっしょ。

曲がりやすい手首とまるみのある体も、木のぼりに向いています。

木のぼり大好き

パンダは木のぼりがとてもじょうずです。
あかちゃんも、5か月ころから、木のぼりができるようになります。
爪をひっかけて、すいすいとのぼっていきます。
パンダをねらうヒョウが近づいてきたら、さっと木にのぼります。おかあさんはヒョウを追いはらいます。
おとなになって結婚相手をさがすときも、木のぼりは役に立ちます。

竹をじょうずにつかめるひみつ

パンダは竹を手に持って食べます。
これは、パンダの手のつくりにひみつがあります。
するどい爪のついた5本指の下の手のひらに、まるい小さいふくらみが1つあります。
指とふくらみのあいだに竹をはさんでにぎると、しっかりつかめるのです。
どっかりすわって、竹を片手に持って、むしゃむしゃ食べます。

進化のなかで、竹をつかみやすい手のつくりになりました。

おかあさんがなめて

おかあさんは、うんちがでやすいように、あかちゃんのおしりやお腹をよくなめます。でてきたうんちもなめてしまいます。

はい、こっち
フェ〜

くわえてはこぶ

あかちゃんをつれて移動するときは、おかあさんがあかちゃんの首のうしろの皮ふをくわえて運びます。

パンダ・子育てメモ

- おかあさん…体の大きさ・およそ120cm　体重およそ100kg
- あかちゃん…体の大きさ・およそ15cm　体重およそ100g
  - おっぱいの数…4個
  - 一度に生まれる子どもの数…1〜2頭（ふつう1頭）
  - お腹の中にいる妊娠期間…125〜150日
  - おっぱいを飲む受乳期間…およそ180日

カンガルー

カンガルーのあかちゃんは、おかあさんのお腹にいる期間が、とてもみじかく生まれます。

おかあさんのお腹には、お腹の中とおなじくらい、あかちゃんが安心できる子育て用のふくろがあるからです。

あかちゃんが生まれそうになると、おかあさんは、ふくろの中をしめらせて、気持ちよくすごせるように準備をします。

あかちゃんは、生まれるとすぐに、おかあさんのお腹をよじのぼり、自分でふくろの中に入りおっぱいにすいつきます。無事にふくろに入ったら、もうだいじょうぶ。

あかちゃんは、あたたかいふくろの中で、おっぱいを飲みながら、大きく育っていきます。

オーストラリアにすむカンガルーには、オオカンガルー、アカカンガルーなどの種類があります。生態はほとんどおなじで、草などの植物を食べてくらしています。

後ろあしが大きく、走るときの1歩は4mちょっと。ジャンプしながらすばやく移動します。

オスがメスをさがすときは、長い距離を移動することもあります。

オスの体は一生大きくなるので、メスの2倍以上の大きさになるものもいます。

母と子の親子は、おとなになってもいっしょにいることが多く、オスは子育てには、くわわりません。群れの基本は母と子の2〜4頭で、これらがあつまって100頭くらいの大きな群れをつくります。

写真は、アカカンガルーの家族です。

カンガルーの家族

おかあさんのふくろまでひとりでのぼる

カンガルーのあかちゃんは、おかあさんの後ろあしのあいだから、とても小さく生まれます。
生まれてすぐに、おかあさんのお腹にあるふくろまで、前あしでよじのぼり、ふくろの中のおっぱいにすいつきます。
おかあさんのお腹のふくろは「育児のう」とよばれ、あかちゃんは8か月ごろまで、このふくろの中で育ちます。

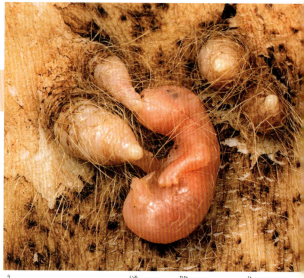

生まれたてのあかちゃんはピンク色。ふくろの中のおっぱいは、皮ふがのびた形をしています。一度すいつくと、はなれません。

なんでもなめてくれるおかあさん

おかあさんはあかちゃんが生まれて、お腹のふくろに入るとき、のぼる道すじをなめてさそい、見守ります。
ふくろに入ると、あかちゃんは、おしっこもうんちもふくろの中でします。
おかあさんは、すぐになめて、ふくろの中をきれいにします。

ふくろからでてからも、ときどき口をなめてもらいます。離乳するころになると、口づたいに、水のかわりのだ液や、かんだ食べものをもらいます。

ぼくの・わたしのおっぱいはひとつ

カンガルーのおっぱいは、4つあります。
一度に生まれる子どもは1頭ですが、まだおっぱいを飲んでいるときに、その次の子どもが生まれることもあります。
4つのうちのどのおっぱいを飲むかは、その子によって決まっていて、大きくなっても変わることはありません。
小さいころに飲むおっぱいと、大きくなって飲むおっぱいの成分にはちがいがあり、成長にあわせた栄養になります。

おにいちゃんのおっぱい
あかちゃんのおっぱい

おかあさんのふくろの中が大好き

5か月ごろになると、ふくろの中ですいつきっぱなしだったおっぱいから口がはなれ、お腹がすいたときだけ、くわえるようになります。そのころから、ときどき、ふくろの中から顔をだし、キョロキョロとあたりを見渡すようになります。

8か月ころになると、体もだいぶ大きくなり、ふくろの外にでて、自分のあしで、飛んだり、はねたりします。おかあさんは子どもをよく見守り、きけんがせまると、ふくろの中へつれもどします。

1さいをすぎ、もうふくろに入れない大きさになっても、ときどき子どもはふくろに顔をつっこみ、おっぱいを飲みます。

1さい半でほぼ草だけを食べるようになります。

育児のうを持つ生きものたち

カンガルーのような育児のうを持った有袋類の生きものは、ほかにもいます。

6000年前くらいまでは、世界中にいました。その後、北アメリカで栄えた有袋類がオーストラリアとアメリカ大陸の一部で生き残りました。

カンガルーのふくろは上に入り口がありますが、コアラ（→P40）は下に入り口があります。

フクロモモンガ

ウォンバット

カンガルー・子育てメモ

- おかあさん…体の大きさ　アカカンガルー・75～160㎝　体重 17～85kg
  　　　　　　　　　　　　オオカンガルー・55～120㎝　体重 30～66kg
- あかちゃん…体の大きさ・およそ2㎝　体重およそ1g
- おっぱいの数…4個
- 一度に生まれる子どもの数…1頭
- お腹の中にいる妊娠期間…アカカンガルー 30～40日
  　　　　　　　　　　　　オオカンガルー 21～38日
- おっぱいを飲む受乳期間…1～2年

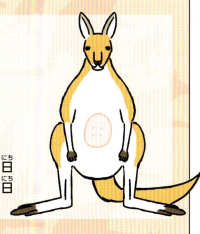

コアラ

コアラのあかちゃんは、木の上で生まれます。
生まれてですぐに、おかあさんのお腹のふくろまでよじのぼると、すぽんと入ったまま、しばらくでてきません。
ふくろの中にはおっぱいがあり、とても気持ちよくすごせるからです。
コアラのお腹のふくろの入り口は、下を向いています。だからあかちゃんは、おかあさんのおしりの近くから顔をだします。
やがて力がついてくると、おかあさんにしがみついて、いっしょに木の上でねむります。
ふくろからでても、いつでもおかあさんといっしょ。
守られながら、ユーカリの森で生きていく力を身につけ、大きくなります。

コアラは、オーストラリアにすむ育児のうを持つ有袋類です。
ふくろの口は下向きで、カンガルーとは反対です。
コアラの食べものはユーカリの葉だけ。ユーカリは、消化が悪く、毒もある葉ですが、食べられるように体が進化してきました。ユーカリを食べものにして、木からおりずに生活できるものだけが生き残ってきたのです。
群れはつくらず、オスもメスも1頭でくらし、繁殖のときだけ、オスとメスはいっしょにすごします。
子育てのときは、母と子でくらしますが、巣はつくりません。

コアラの家族

おっぱいはふくろの中

コアラのおかあさんは、木の上で出産します。
おかあさんの後ろあしのあいだからでてきたあかちゃんは、においをたよりに、おかあさんのお腹の下のほうにあるふくろまで、はっていきます。
ふくろに入ると、ふくろの中にあるおっぱいにすいつきます。
おっぱいは、あかちゃんののどの奥までのびて、ふくらみ、口からはずれなくなります。
あかちゃんがおっぱいをすうと、おっぱいがあかちゃんのお腹に流れこみます。
ふくろの入り口は下向きですが、ふくろの口はきゅっとしまっているので、あかちゃんがおちることはありません。

生まれてすぐは、目も見えないよ

ふくろに入ったばかりのあかちゃん。まだ毛は生えていません。

ふくろからこんにちは！

ふくろから顔をだしたあかちゃん

あかちゃんは、6か月くらいになると、おかあさんのふくろがせまくなり、ふくろから手やあしをだすようになります。
それから数日たって、少しずつ顔をだします。
外の世界になれてくるころには、体に毛もだいぶ生えて、コアラらしくなってきます。

離乳食はおかあさんのおしりから

あかちゃんは、ふくろから顔をだしはじめると、おかあさんのおしりからでる「パップ」といううんちに似たものを食べるようになります。
パップは、おかあさんが食べたユーカリの葉が、おかあさんの盲腸で人間の離乳食のようにやわらかくなったもので、あかちゃんの腸によい微生物がふくまれています。
パップを食べることで、あかちゃんの体は、かたいユーカリの葉を食べる準備をしていきます。

ふつうのうんちよりずっとやわらかいパップ。深緑色をしています。

ユーカリはツーンとしたいいかおりがします。コアラのうんちは、ユーカリのにおいとおなじで、くさくありません。

おんぶでいつもおかあさんといっしょ。

だっこからおんぶへ

コアラの生活は、ほとんどが木の上です。
6か月くらいであかちゃんがふくろからでるようになると、おかあさんは、あかちゃんが落ちないように、自分のあしと木ではさみながら、だっこします。
大きくなってあかちゃんに力がついてくると、おんぶで移動します。
コアラの手あしには大きな爪があり、おかあさんの背中にしがみつくのにも役立ちます。
大きくなると、自分ひとりで、この爪を使って、木の上を動きまわるようになります。

手(前あし)

後ろあし

爪はするどく、手あしの表面はざらざらしていて、すべりにくくなっています。

昼間はいつもねむっています

おとなになると、コアラは、ユーカリの葉しか食べません。
ユーカリの葉は、かたいうえ、油分をたくさんふくんでいるので、消化するのがむずかしい植物です。
ほかの動物は消化することができませんが、コアラはとても長い盲腸があるので、消化することができます。
コアラの盲腸の長さは、体の大きさの3〜4倍。
そのため、コアラのお腹は、まるくふくらんでいます。
消化するのにエネルギーを使うため、食べている以外は、ほとんどねむってすごします。

枝に体をはさんでねむります。

コアラ・子育てメモ

- おかあさん…体の大きさ・60〜70cm　体重5〜8kg
- あかちゃん…体の大きさ・およそ2cm　体重およそ0.75g
- おっぱいの数…2個
- 一度に生まれる子どもの数…1頭
- お腹の中にいる妊娠期間…34〜36日
- おっぱいを飲む受乳期間…240〜360日

北アメリカやヨーロッパ、インドなどにすむオオカミは、ふつうハイイロオオカミのことをいいます。ハイイロオオカミはくらす場所のちがいで、ホッキョクオオカミやタイリクオオカミなどがいます。
オオカミは3～10頭の家族の群れでくらし、群れのリーダーであるおとうさんとおかあさんを中心に、家族で協力して、狩りや子育てをおこないます。
食べものはほ乳類で、シカなどの大きなえものは、群れで追いこみ、つかまえます。
群れの中には順位があり、つかまえたえものをさいしょに食べるのは、リーダーであるおとうさん、おかあさんです。
また、イヌのなかまであるオオカミは、耳がよく、遠ぼえをして、なかまと伝えあうのも特ちょうです。

オオカミ

オオカミは、とてもなかのいい家族です。
家族はいつもいっしょですが、あかちゃんが生まれるときだけ、おかあさんは巣穴に入り、家族の群れからはなれます。小さなあかちゃんが少し大きくなるまでは、子育てはおかあさんの仕事だからです。
でも家族は、おかあさんとあかちゃんのことを、いつも気にかけています。
おっぱいをあげるおかあさんが、お腹がすかないように、家族みんなでつかまえたえものの肉を巣穴にそっとはこんで子育てをたすけます。
あかちゃんにとって、巣穴の外は少しこわいけれど、家族がいるから安心です。
やがて遊びながら、群れのルールを身につけて、強くたくましいおとなへと育っていきます。

写真は、ホッキョクオオカミの家族です。

オオカミの家族

小さなあかちゃん

おかあさんは、岩のすきまや山の斜面などにある巣穴に入り、6頭ほどのあかちゃんを産みます。あかちゃんは、黒っぽい色をしていて、目もあいていません。
巣の中で、おかあさんは横になっておっぱいをあげます。

おかあさんのために、家族が狩りをして手に入れた食べものをはこびます。

あかちゃんは黒っぽい色をしています。

オオカミの群れ（家族）
おにいさん　おかあさん　おねえさん　おねえさん　おとうさん　子ども　子ども　子ども　子ども

なかよし家族

オオカミのおとうさんとおかあさんは、一生ともにすごします。
毎年あかちゃんが生まれ、3～4年で子どもはひとり立ちします。
子育ても、おとうさんとおかあさんが協力しておこないます。
オオカミは、家族で群れをつくり、くらします。

あかちゃんは1か月で巣穴の外へ

あかちゃんは、1か月すると、巣穴の外へでて、遊ぶようになります。
おっぱいだけでなく、おとうさん、おかあさんが、お腹にため、はきもどし、やわらかくした肉を食べます。
おっぱいは1か月半くらいまで飲み続けます。
このころのあかちゃんは、お腹がすくと、すぐにおっぱいにすいつきます。
おかあさんはすわるまもなく、立ったままで、おっぱいをあげます。

あかちゃんたちは遊ぶのが大好きです。

やがて狩りへ

子どもたちは、6か月くらいから、狩りについていくようになります。
1さいころから、自分でえものをつかまえられるようになります。
子どもたちがおっぱいを飲まなくなると、おかあさんも狩りにくわわります。

オオカミの狩りは、家族が協力しておこないます。

家族の中で成長

狩りのほかにも、子どもたちは、家族と遊びながら、生きていくルールを学んでいきます。
けんかも大事な学びです。
おとうさんはやってはいけないことがあると、かみついて、教えます。
オオカミはとても耳がいい動物で、遠ぼえをして、なかまと伝えあいます。
狩りのときなど、遠ぼえで自分の場所を知らせます。
子どもたちは、3〜5か月で、遠ぼえをするようになります。

オオカミの遠ぼえは、10km先までとどくといわれています。

オオカミ・子育てメモ

- おかあさん…体の大きさ・82〜140㎝　体重18〜40kg
- あかちゃん…体の大きさ・15〜20㎝　体重およそ450g
- おっぱいの数…8個
- 一度に生まれる子どもの数…1〜11頭（平均6頭）
- お腹の中にいる妊娠期間…およそ60日
- おっぱいを飲む受乳期間…56〜70日

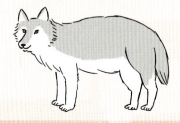
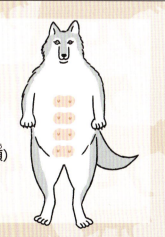

ネコ科の動物で一番大きいトラは、くらす場所によって3種類います。
北から順に、アジア東部のアムールトラ、アジア南部のベンガルトラ、アジア南東部のスマトラトラで、北のほうにすむトラほど、大きな体をしています。
トラは、オスもメスも、群れをつくらずに生活しますが、子育てのときだけ、おかあさんと子どもですごします。ほ乳類や鳥、魚などを食べ、狩りも1頭でおこないます。
おとなになると、自分のなわばりを持つようになり、ほかのトラに知らせるために、おしっこをかけるマーキングをします。

トラ

森にくらすトラのおかあさんは、くらい巣穴の中で、あかちゃんを産みます。
小さな小さなあかちゃんたちは、生まれるとすぐに「ギャー」と鳴きます。すると、おかあさんは、あかちゃんの体をやさしくなめます。
まだ目も見えないあかちゃんは、安心しておっぱいを飲みます。
森の中では一番強いトラのおかあさんですが、あかちゃんたちはとてもか弱く生まれます。
おかあさんは、あかちゃんをねらう敵から守り、世話をします。
おとうさんも、母と子の近くで、そっと見守っています。
大きなおかあさんのぬくもりにささえられて、あかちゃんたちはすくすくと成長していきます。
そしてやがては、ひとりで生きていく強い森の王者になるのです。

写真は、ベンガルトラの家族です。

トラの家族

生まれたときから、しまもようはあります。

ひみつの巣穴で

トラのあかちゃんは、岩や木の下のくぼみなど、ひみつの巣穴で生まれます。
生まれてすぐは、とても小さく、目も耳もとじています。
一度に生まれるあかちゃんは、3〜4頭。
おかあさんと、ときどきおとうさんがやってきて、大事に育てます。

おっぱいで育つ

生まれてから3か月までは、おっぱいだけで育ちます。
おかあさんは、お腹がすいてしまうので、ときどき巣穴にあかちゃんたちを残して、狩りにでかけます。
食事がすむと、また巣にもどり、あかちゃんの世話をします。

おかあさんは、おっぱいをいっぱいだすために、ひとりで狩りをして栄養をつけます。

ときどき、みんなでおひっこし

おかあさんとあかちゃんの巣穴は、おかあさんのなわばりの中に、3か所ぐらいあります。
きけんをかんじると、みんなでひっこしをします。
まだうまく歩けないあかちゃんは、おかあさんがくわえて、はこびます。
1か月半くらいになると、自分で歩けるようになり、おかあさんのあとをついて、移動します。

3か月から肉を食べる

あかちゃんは、3か月くらいになると、動物の肉を食べるようになります。
6か月くらいまでは、おっぱいも飲んでいます。
1さい半くらいまでは、おかあさんがつかまえたえものの肉を食べます。
2さいくらいになると、ひとりで狩りをするようになり、おかあさんとはなれて生活するようになります。

3か月ごろから、おかあさんの狩りについていき、狩りを学びはじめます。

しまもようは、重なりあうと、ひとつのかたまりのように見えます。

しまもようは、自分のしるし

トラのしまもようは、1頭ずつちがいます。
また、生まれたときから、はっきりとついています。
しまもようは、そのトラのしるしなのです。
トラの耳の後ろは白くなっていますが、これは、くらい森の中で、後ろを歩く子どもが、おかあさんを見つけやすいためといわれています。

ベンガルトラ・子育てメモ

- おかあさん…体の大きさ・140〜180cm　体重100〜167kg
- あかちゃん…体の大きさ・30〜35cm　体重およそ1kg
- おっぱいの数…4個
- 一度に生まれる子どもの数…3〜4頭
- お腹の中にいる妊娠期間…100〜104日
- おっぱいを飲む受乳期間…およそ180日

生きものたちのくらし方

- 単独でくらす
- 家族でくらす
- 群れでくらす

1頭（単独）でくらす

パンダ、ホッキョクグマ、ツキノワグマなどクマのなかまやトラやチーターなどは、子育てのとき以外は1頭でくらします。

なわばりを持つものが多く、1頭だと、えものをとるときにあらそわなくてすむためと考えられています。

1頭でえものを追いかけるチーター

血のつながった家族でくらす

オオカミやキツネ、ゴリラやライオンなどは、おとうさんやおかあさんを中心とした家族でくらします。

ゾウは、おとなはメスだけの家族で、リーダーは、一番大きな体の最高齢のおばあさんです。

家族は、親子だけでなく、おじさん、おばさん、その子どもたちなど大きな家族であることが多いです。

家族みんなで協力して子育てすることが多く、いっしょに狩りをしたり、食べものを分けあったりします。

オスよりメスのほうが体の大きいブチハイエナは、群れのリーダーもメスです。

生きものたちのくらし方は、さまざまです。
1頭でくらすもの、血のつながった家族でくらすもの、
たくさんの群れで行動するものなどです。
きびしい自然の中で、それぞれに必要なくらし方を身につけて、
たくましく生きています。

群れでくらす

家族だけでなく、群れでくらす生きものも、多くいます。
いっしょに行動することで、より安全に生きやすくなるため、群れをつくります。

群れでかくれる・にげる

サバンナにくらすキリンやシマウマ、ヌーなどの草食動物は、ちがう種類どうしがよりあつまってくらしています。
肉食動物にねらわれやすいので、おたがいにまわりに気をつけ、協力しあいます。
食べものもちがうので、うばいあうことなく、いっしょにいることができます。

シャチは、群れで波をおこし、アザラシを海におとしてつかまえます。

シマウマの体のもようは、ツェツェバエなど動物の血をすうハエをよせつけないといわれています。

群れで狩りをする

オオカミやライオン、ブチハイエナ、ザトウクジラやシャチなどは、群れで狩りをします。
役割りをきめて、えものを追いこみ、つかまえます。

ニシンなどはアザラシなどの敵がちかづくと、数千、数万びきがあつまり、大きなかたまりになります。

群れで守る

イワシなどの小魚や鳥のホシムクドリなどの小さな生きものたちは、とてもたくさんの数で群れ、ひとつの大きなかたまりのようになります。
敵はねらいをさだめづらくなり、身を守ることができます。

ホッキョクグマ

きびしい寒さの冬。雪にすっぽりおおわれたほら穴で、ホッキョクグマのあかちゃんは生まれます。巣穴の中では、大きなおかあさんにつつまれて、おっぱいだけを飲む毎日。

あかちゃんは「ググググ」とのどを鳴らしておっぱいを飲みます。

おかあさんはやさしくあかちゃんをなめて、世話をしながらあたたかい春を待ちます。大きくなったら、1頭でくらすホッキョクグマ。やがて、おかあさんについて歩きだした小さなきょうだいたちは、きびしい大地で生きていく方法を身につけながら、大きなおとなのクマへと成長していきます。

北極海の沿岸、アジア・ヨーロッパなどの流氷のある地域やアメリカ北部にくらすホッキョクグマは、もっとも大きい肉食動物です。
氷の上からアザラシや魚をとって食べますが、氷がとけて食べものが少ない季節は、陸地で果実なども食べて空腹をしのぎます。
とても寒い場所でくらしているため、体温がたもてるように体のしぼうはあつく、表面の毛は太陽の光をとおす半透明です。皮ふは、光を吸収しやすい黒い色をしています。
群れはつくらず、メスは子育てのときだけ、親子でくらします。オスは子育てには参加しません。オスの体はメスより大きく、子育て中のメスをおそうこともあるこわい存在です。

ホッキョクグマの家族

巣穴にこもって

ホッキョクグマのおかあさんは、出産が近くなると、おかの斜面をほって、巣穴をつくります。
そして、11月〜1月ごろ、巣穴の中であかちゃんをふつう2頭産みます。
生まれたばかりのあかちゃんは、目もよく見えず、歩けません。
おかあさんは、なにも食べずに、あかちゃんにおっぱいをあげて、世話をします。

雪にすっぽりつつまれた巣穴で、春まですごします。

少しずつ、外の世界へ

あかちゃんは、1か月で目があき、2か月で歯が生えます。
春になって、体がだいぶしっかりしてくると、あかちゃんは、巣穴から顔をだします。
おかあさんは、よく注意して、まわりに気をつけながら、子どもたちと巣穴のまわりですごします。
子どもたちは、じゃれあって、よく遊び、体力をつけます。

半年間、なにも食べないおかあさん

巣穴にこもる前、おかあさんはたくさん食べて、出産の準備をします。
そうしてたくわえた体のぶあついしぼうをエネルギーに変えて、半年間、水も飲まず、なにも食べずに、栄養のあるおっぱいをあかちゃんにあげつづけます。
春になるころには、あかちゃんたちの体重は10倍以上にふえますが、おかあさんの体重は、半分以下にへっています。
巣穴からでてきたばかりのころのおかあさんは、外でもねむってばかり。
エネルギーを使わないようにすごしているのです。

巣穴からでてきたばかりのころは、巣穴の近くですごします。

食べものさがしの旅へ

巣穴のまわりですごしたあと、おかあさんと子どもたちは、食べものをさがして、海の方へ旅にでます。
旅をしながら、子どもたちは海に入って泳ぎをおぼえたり、狩りの方法を見て学んだりします。

水の中は、子どもたちも大好きです。

食べものさがしは、えものが多い海ぞいを歩きます。

2度目の冬は雪の上で

親子ですごす2度目の冬は、巣穴をつくらず、ずっと雪の上ですごします。
吹雪の中も親子で体をよせあって、寒さをしのぎます。
よく年の3度目の冬まで、子どもたちはおかあさんから学んだことを身につけて、それぞれにたくましく生きていきます。

ホッキョクグマ・子育てメモ

- おかあさん…体の大きさ・180〜250㎝　体重150〜300kg
- あかちゃん…体の大きさ・およそ30㎝　体重およそ600g
- おっぱいの数…4個
- 一度に生まれる子どもの数…1〜3頭（平均2頭）
- お腹の中にいる妊娠期間…およそ240日
- おっぱいを飲む受乳期間…およそ120日

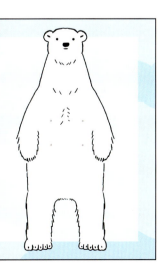

ラッコ

ラッコのあかちゃんは、ふわふわの毛(け)につつまれて、生(う)まれてきます。
それでもラッコがくらす海(うみ)の上(うえ)では、ぬれた体(からだ)はすぐにつめたくなってしまいます。
おかあさんは、あかちゃんのぬれた毛(け)をいっしょうけんめいかわかします。あかちゃんがいつもふわふわの毛(け)でいられるように、おかあさんは、自分(じぶん)の毛(け)の手入(てい)れもしながら、あかちゃんの毛(け)づくろいにおおいそがしです。
おかげで、あかちゃんは気持(きも)ちよく、ねむることができます。
おかあさんとの毎日(まいにち)のくらしから、あかちゃんは海(うみ)の上(うえ)での生(い)き方(かた)を身(み)につけていきます。

ラッコは、北太平洋や日本の北海道の海岸近くでくらしています。
貝やウニ、カニなどをとり、お気に入りの石を使って殻を割ったり、前あしで持って食べたりします。
陸にあがることもありますが、歩くのが苦手なため、ほとんどを海の上ですごします。
ラッコは、どんな動物よりもびっしりとたくさんの毛がつまって生えていて、つめたい海でもくらすことができます。でも、いつもあたたかくすごすためには、ていねいな毛づくろいが欠かせません。
子どもは群れでいるメスたちの中で生まれます。そして、母と子はオスたちの群れのあいだを自由に行き来します。

ラッコの家族

あかちゃんはおかあさんのお腹の上

海の上でくらすラッコは、あかちゃんも、ほとんどが海の上で生まれます。
生まれてすぐは泳げないので、おかあさんのお腹の上ですごします。
おかあさんはあかちゃんがねているときは、しっかりだっこをしています。
おきているときは、おっぱいをあげたり、毛づくろいをしたり、おしりをなめてうんちをだしたりなど、ていねいに世話をします。

2か月くらいまで、おかあさんのお腹の上ですごします。

おっぱいはさかさまに乗って

ラッコのあかちゃんは、1か月くらいまで、おっぱいだけで大きくなります。
ラッコのおっぱいは、胸ではなく、後ろあしのつけ根あたりにあります。
あかちゃんは、おかあさんとは反対向きに、うつぶせに乗り、おっぱいを飲みます。

いそぐときは口にくわえてはこぶ

あかちゃんは、1週間くらいで泳ぎはじめます。
でも、きけんがせまっていたり、いそいでいるときは、おかあさんはあかちゃんを口にくわえて、はこびます。
強い後ろあしで、水をけってすすみます。

ラッコは泳ぎが得意です。

毛づくろいは大事なしごと

北の海の上でくらすラッコは、全身毛におおわれています。
でも、体にしぼうはなく、ぬれた毛のままでは、体がひえてしまうため、長い時間をかけて、毛づくろいをします。
くるくるまわったり、前あしで体をこすったりして、毛のよごれをとります。
かわいたら、毛に息をふきこみ、毛と毛のあいだに空気を入れます。
そうすると、水がしみこみにくくなり、体温をあたたかくたもつことができるのです。
生きていくのに大切な毛づくろいや、水へのもぐり方などを、子どもはおかあさんから学びます。
子どもは1年くらいでしっかり身につけて、おとなになります。

おかあさんは、いつもあかちゃんの毛づくろいにも気をくばります。

わきの下にポケット

ラッコの皮ふは、だぶだぶにたるんでいるので、わきの下のところがポケットのようになります。
そこにとった貝をためて、はこぶことができます。
子どもは1か月くらいから、おっぱいだけでなく、おかあさんがとった貝などのやわらかいところを食べはじめます。

ラッコは、石で、かたい貝を割って食べます。

おかあさんが貝などをとりにいくあいだ、まだ水にもぐれない子どもは、ひとりで水にうかんで待っています。

海そうをまいてねむる

子どものラッコは、ひなたでうたたねをするのが好きです。
まぶしいときは、前あしで目をおおってねむります。
あしをたててねむるのは、つめたくなるのをふせぐためといわれています。
ぐっすりねむるときは、ながされてしまわないように、ケルプという海そうを体にまきつけてねむります。

ジャイアントケルプという海そうをまいて、ながされないようにしています。

ラッコ・子育てメモ

- おかあさん…体の大きさ・76～120cm　体重 13.5～27kg
- あかちゃん…体の大きさ・およそ 45cm　体重およそ 2kg
- おっぱいの数…2個
- 一度に生まれる子どもの数…1頭
- お腹の中にいる妊娠期間…およそ 270日
- おっぱいを飲む受乳期間…およそ 180日

クジラ

クジラのあかちゃんは、おかあさんのおしりの近くの穴から、尾びれから先に海の中へと生まれてきます。
そしてすぐに、おかあさんにたすけられて、水面にでて呼吸をします。
広い海の中は、安全なお腹の中とちがって、うまく泳げないあかちゃんをねらう敵もいます。
でも、大きなおかあさんがいつもそばにいるから、だいじょうぶ。
おかあさんのおっぱいを飲みながら、あかちゃんはクジラのことばや知恵をたくさん学んで、大きくなります。
親子のふれあいは、やがてなかまと生きていく力になります。

クジラは水中でくらす地球上で一番大きなほ乳類です。
ハクジラとヒゲクジラのなかまに分けることができ、ハクジラは魚やイカなどを、ヒゲクジラはプランクトンなどを食べています。ザトウクジラは、ヒゲクジラのなかまです。
クジラは海の中を泳ぎながら、ときどき水面にでて、呼吸をします。
頭の上にある鼻から息をはくとき、海水もいっしょに吹きあげるのが「しお吹き」です。
世界中の海にくらし、夏と冬で、広い海を移動します。
子育ては、メスだけでおこないます。
子どもはおかあさんからはなれたあとは、若いなかまの群れで移動し、やがて新しい家族をつくります。

写真は、ザトウクジラの家族です。

クジラの家族

あたたかい海で出産

ザトウクジラは、夏はつめたい海ですごし、冬になると、あたたかい海へ移動します。
そのあたたかい海で、おかあさんは、1頭のあかちゃんを産みます。
あかちゃんは生まれるとすぐに、呼吸をするために海の上へでなければなりません。
おかあさんは、まだうまく泳げないあかちゃんを、下から押して手伝います。

鼻を水面にだして呼吸をします。

おっぱいは海の中で

あかちゃんは、生まれるとすぐに、海の中でおっぱいを飲みます。
おかあさんは、夏にたくさん食べてしぼうをつけておき、出産後の冬は、なにも食べずにおっぱいをあげ、子育てをします。
あかちゃんは、毎日栄養のあるおっぱいをたくさん飲んで、ぐんぐん大きくなります。
6か月までは、おっぱいだけで育ちます。

ザトウクジラはいろいろな声をだして、なかまと話します。
あかちゃんは、おっぱいを飲みながら、声のだし方を学びます。

旅するクジラ

春になるとザトウクジラは、群れで、食べもののあるつめたい海へと旅立ちます。
でもあかちゃんは、まだうまく泳げません。
おかあさんとあかちゃんは、なかまとはなれて、あかちゃんがうまく泳げるようになるまであたたかい海ですごします。

日本のある北半球が冬のとき、南半球は夏です。日本が冬の季節には、クジラは南極海の付近に移動しています。

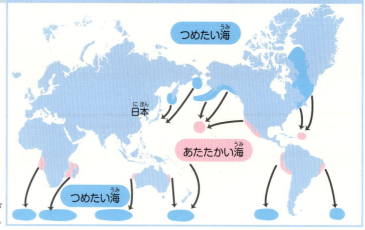

ザトウクジラの移動

夏はつめたい海へ

夏になって、大きくなった子どもとおかあさんは、ようやくなかまのいるつめたい海へと旅立ちます。
旅のとちゅうでは、シャチに、子どもがねらわれることもあります。
そんな敵に出あわないように親子でよびかけあいながらすすみます。

やがて小魚やオキアミを食べるように

ザトウクジラは、えもののいる場所をねらって、大きな口をあけて海水ごと口に入れ、オキアミや小魚を食べます。
群れでえものを追いこみ、食べることもあります。
子どもは、おかあさんから、そんなえもののとり方・食べ方を学び秋にはおかあさんからはなれてくらすようになります。

南極の海で大きな口をあけて、オキアミなどを食べる親子のザトウクジラ。

ザトウクジラ・子育てメモ

- おかあさん…体の大きさ・15～17m　体重30～34t
- あかちゃん…体の大きさ・およそ4m　体重およそ1t
- おっぱいの数…2個
- 一度に生まれる子どもの数…1頭
- お腹の中にいる妊娠期間…およそ1年
- おっぱいを飲む受乳期間…およそ1年

ペンギン

南極にくらすペンギンのあかちゃんは、おとうさんのあしの上で生まれます。あかちゃんが生まれるまで、おとうさんはあしの上のたまごをいっしょうけんめいにあたためます。
2か月以上もおとうさんはなにも食べずに、寒さからたまごを守るのです。
やがておかあさんは、あかちゃんにあげる食べものを海からとってもどってきます。長い旅からようやく帰ってくるのです。
きびしい寒さの中、ふわふわの小さなあかちゃんを守るため、おとうさん、おかあさん、そして群れのみんなは、力のかぎりがんばります。
そして、たくさんのなかまとともに、きびしい環境を生きぬくペンギンへと成長していきます。

写真は、コウテイペンギンの家族です。

鳥類のペンギンで南半球にいる18種類の中で一番大きいのがコウテイペンギンです。
コウテイペンギンはマイナス60度というきびしい寒さの南極大陸のまわりの海で、魚やエビ、イカなどを食べてくらしています。
皮ふの下にはあついしぼうがあり、羽はびっしりと生えていて、つめたい海水がしみこまない体のつくりになっています。
オスとメスは、協力しながら、毎年ほぼおなじ陸にあがってたまごを産み、あたため、群れのなかまと子育てをします。
子育てが終わると、食べものがたくさんある海で体力をとりもどします。そしてすぐに冬が近づくと、また新しいたまごを産むための場所へと移動します。

ペンギンの家族

たまごをあたためるおとうさん

きびしい寒さの冬、コウテイペンギンのおかあさんは、大きなたまごをひとつだけ産みます。
産むとすぐに、たまごはおとうさんにわたされます。
おとうさんは、あしの上にたまごを乗せて、お腹の皮がたるんでできた「ほうらんのう」であたためます。ここは、外がわは羽で、内がわは皮ふの体温が直接伝わるようなつくりになっています。おかあさんは、おとうさんにたまごをわたすと、食べものをさがす旅にでます。

おとうさんが、くちばしを使ってたまごを受けとり、自分のあしの上にすくいあげます。

おとうさんは、なにも食べずに、立ったままねむり、たまごをあたためつづけます。

よりそってたまごを守るおとうさんたち

たまごを守るおとうさんたちは、吹雪にたえるため、みんなでよりそって立ちます。
風が強くあたる外がわは、寒いので、風下に移動します。移動するときは、たまごをあしの上に乗せたまま、少しずつよちよちとすすみます。
こうして、おとうさんたちは、それぞれのたまごをじっとあたためつづけます。

おかあさんの旅

たまごを産んだおかあさんは、海を目ざして、旅をします。
生まれてくるあかちゃんにあげる食べものの魚やイカ、エビをとりにいくのです。
ほかのおかあさんたちもいっしょです。
行って帰るまでのおよそ2か月間の旅です。

食べものをたくさん食べ、海からもどってきたおかあさんたち。

お腹の下からこんにちは！

おかあさんが帰ってくるころ、おとうさんがあたためつづけていたたまごから、あかちゃんが生まれます。

あかちゃんは、今度はおとうさんと交代したおかあさんのお腹の下に入ります。

おかあさんは、海でたくさん飲みこんだ食べものを、少しずつ、はきもどして、あかちゃんに食べさせます。

あかちゃんが生まれても、おかあさんがすぐに帰らないときは、おとうさんが「ペンギンミルク」をあたえます。これは、おとうさんの食道をとかしてつくられるもので、とても栄養があります。このミルクを口から口へと飲ませます。

5か月以上も、なにも食べていないおとうさんは、あかちゃんの世話をおかあさんと交代して、海へとむかいます。海へつくまでさらに1か月。あわせて半年以上、おとうさんはなにも食べずにすごします。

みんないっしょに大きく育つ

生まれて2か月。子どもたちにもあたたかい羽毛が生えると、氷の上に立ってもだいじょうぶになります。

そのあいだ、子どもたちは、1か所にあつまり、親になる前のわかいペンギンたちの世話になります。

海で食べものをいっぱい食べたおとうさん、おかあさんは、帰ると子どもたちに、口うつしで、飲みこんだ食べものを食べさせます。

こうして、子どもたちに食べものを食べさせるため、親たちはなん度も海への旅をくり返します。

ペンギンの子どもたちは、「クレイシ」とよばれる保育園のようなところでみんなですごします。

夏の終わりころふわふわの灰色の羽毛から、水に強いおとなの羽毛へと、だんだんに生え変わっていきます。

おかあさんとあかちゃんペンギン。なかまたちのあかちゃんも、つぎつぎ生まれます。

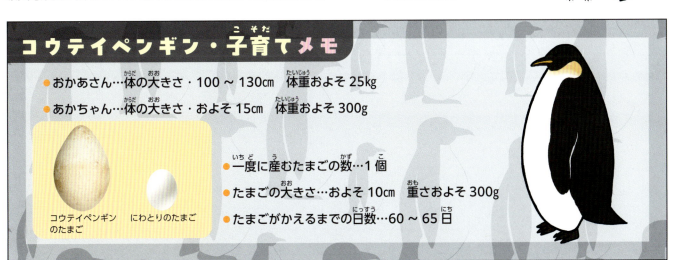

コウテイペンギン・子育てメモ

- おかあさん…体の大きさ・100〜130㎝　体重およそ25kg
- あかちゃん…体の大きさ・およそ15㎝　体重およそ300g
- 一度に産むたまごの数…1個
- たまごの大きさ…およそ10㎝　重さおよそ300g
- たまごがかえるまでの日数…60〜65日

コウテイペンギンのたまご　にわとりのたまご

気持ちを伝える！生きものたちのコミュニケーション

表情で伝える

ゴリラはけんかをすると、相手をにらむことがあります。

けんかをなだめに入ったゴリラはじっと見つめてなだめます。

また、相手の顔をのぞきこむことで、なかなおりの気持ちを伝えたりもします。

ヒョウは、ふだんはものしずかな表情ですが、おこるとキバをだしておどします。

鳴き声で伝える

オオカミは遠ぼえで、はぐれたなかまに合図をおくったり、みんなで遠ぼえしてはげましあったりします。声で気分をあらわすこともあります。

ヒキガエルのオスは、「クークー」と鳴き、メスをよびよせます。

フクロテナガザルは、毎日おなじ時間に大きな声をだします。おとうさん、おかあさんがきまったメロディをだし、子どももくわわることもあります。

ワライカワセミは、なわばりを知らせるために、人間のわらい声のような声で鳴きます。

特別な音で伝える

ゾウは、人間には聞こえないひくい声で、遠くにいるなかまに知らせをおくります。

その音は地面を伝わり、はなれた場所にいるゾウはあしの裏で感じとり、骨を伝って耳にとどきます。

イルカやシャチなどのハクジラのなかまは、おでこをとおして超音波をだし、はねかえってくる音で、海の中の地形や食べものの位置などを知ることができます。

イルカは、超音波のほかにも、ホイッスルというふえのような音を使って、くらい海の中で、群れのなかまや親子がはぐれないようにコミュニケーションをとっています。

生きものたちは、さまざまな方法で、気持ちを伝えあってくらしています。
目で、音で、においで、
いろいろな体のはたらきを使って、
感じとり、ともに生きるために役立てています。

鼻であく手することもあります。

歌をうたって伝える

ザトウクジラなどのヒゲクジラのオスは、歌をうたって、メスに居場所を伝えています。
歌にはフレーズがあり、きまった歌がうたわれます。
だれかが最初にうたった歌が広い海の中で伝わり、みんながそのおなじ歌をうたうようになります。

ミソサザイは、巣の前で大きくひびく声でうたい、メスへよびかけます。

ふれあって伝える

ゾウの鼻先は、人間の指先とおなじくらいのするどい感覚があります。
長い鼻で体にふれたり、鼻と鼻をからませたりして、気持ちを伝えあっています。
ニホンザルの毛づくろいは、ごみをとることだけが目的ではありません。おたがいに毛づくろいをして、ふれあうことで、きずなをふかめています。

においで伝える

うんちやおしっこのにおいで、自分のなわばりを伝えることを、マーキングといいます。
マーキングのにおいには、いろいろな情報がつまっています。
カバは、水中でうんちをするとき、いきおいよく、まきちらし、なわばりを主張します。
パンダのオスは、さかだちをして、木におしっこをかけます。
このにおいは風にのって、メスに伝わり、オスの居場所を教えます。

ウォンバットは、四角いうんちをつみあげて、くずれにくいマーキングをします。

ダンスで伝える

アホウドリのつがいは、一生変わりませんが、あかちゃんが巣立つと、それぞれちがう場所へ旅にでます。
そしてまた、たまごを産む季節になると、おなじ相手と再会します。そのとき、うれしい気持ちをおたがい、ダンスで伝えあいます。

ダチョウのオスはメスにアピールするため、羽を広げてゆらすダンスを見せます。

は虫類のワニのなかまはおよそ20種類。鼻先のまるいアリゲーターのなかまと、とがっているクロコダイルのなかまがいます。

アメリカアリゲーターともよばれるミシシッピワニは、北アメリカ南東部の川や湖、沼や湿地などの淡水にくらしています。全長はオスで3〜4.8m、メスは最大で3mほどの大きさで、強いあご、太い尾をもち、祖先は1億5千万年前の恐竜の時代から生きていたといわれています。

魚やカメ、ヘビ、鳥や小型のほ乳類などを食べますが、お腹がすいていると、シカや人間をおそうこともあります。

オスとメスは水中で交尾し、子育てはメスだけでおこないます。

ワニ

ワニのおかあさんは、かれ枝や草で、せっせと小山の巣をつくります。
たまごを産むためです。
産んだあとも、たくさんの大事なたまごを守るため、なにも食べずに見はります。
おかあさんは小山の巣にどっしりと乗って、たまごからあかちゃんが生まれるのをまちます。
やがて生まれたあかちゃんは、おかあさんの口の中に入ってしまうほど小さいので、強くて大きなおかあさんがしっかりと守ります。
恐竜の血を引きつぐワニは、こうしておかあさんの世話のもと、がんじょうな体へと育っていきます。

写真は、ミシシッピワニの家族です。

ワニの家族

小山の巣でたまごを産みます

ミシシッピワニのおかあさんは、かれ草や小枝、川底のどろで小山の巣をつくります。
その上でたまごを産み、草や葉っぱをかぶせます。
それから、巣の上に自分が乗ったり、近くで見はったりして、およそ2か月間、つきっきりで敵からたまごを守ります。
小山のかれ草や小枝は、少しずつくさり、発酵します。すると、中の温度が上がり、たまごがかえるのにちょうどいい温度になります。
30度以下のときはメスが、32度以上のときはオスが、30〜32度のときはオス・メス両方が生まれるといわれています。

おかあさんは、なにも食べずに、たまごを守ります。

小山の巣は、はばが3m、高さが1mにもなります。

生まれる合図

たまごから生まれる前、あかちゃんは「クゥークゥー」と鳴いて、おかあさんに合図をおくります。
おかあさんは、声を聞くと、あかちゃんが生まれやすいように、小山をほって準備をします。
たまごが、なかなか割れないときは、おかあさんがたまごをそっとかんで、あかちゃんが生まれるのをたすけます。

あかちゃんは20cmくらいの大きさです。

おかあさんの頭の上はベビーカー

生まれたばかりのあかちゃんは、とても小さく、鳥やアライグマ、ほかのアリゲーターなどにねらわれます。
おかあさんは、あかちゃんを敵から守るため、頭や体に乗せて、川や沼などにはこびます。

おかあさんの体の上は、どこよりも安全です。

74

プールもおかあさんの手づくり

おかあさんは子どもたちのために、安全な場所に水たまりをつくります。
おかあさん手づくりのプールに子どもたちをあつめて、敵から守ります。
そして、食べものの魚をあたえたり、世話をしたりします。
こうしておよそ1～2年、親子はいっしょにすごします。

ワニは子育て名人

は虫類は、ふつう、あまり子育てをしません。
ワニははゆ虫類ですが、ミシシッピワニのほかにも、
熱心に子育てをするワニがいます。

●イリエワニ

インドや中国、オーストラリアにすむイリエワニは、体の大きさはおよそ7m。
ワニのなかまで一番大きく、人間や動物をおそうこともあります。
小山の巣に産んだたまごは、おかあさんがそばでしっかり見守ります。

●ナイルワニ

アフリカなどにすむナイルワニは、川や湖の近くの砂地に穴をほって、たまごを産みます。
およそ3か月、おかあさんは、つきっきりで子どもの世話をします。

ミシシッピワニ・子育てメモ

- おかあさん…体の大きさ・およそ3m　体重およそ90kg
- あかちゃん…体の大きさ・およそ20cm　体重100～200g

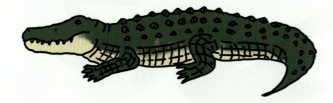

- 一度に産むたまごの数…40～50個
- たまごの大きさ…ニワトリのたまごより少し大きいくらい。
- たまごがかえるまでの日数…60～70日

タコ

まっくらな海の底から、生まれたばかりのタコのあかちゃんが、くるくるふわふわと海の中に舞いあがります。
おかあさんが、岩場の穴の中で産み、手をかけて世話をしたたまごたちが、無事にかえったのです。

おかあさんは、ふー、ふーっと、水を吹きかけ、あかちゃんを岩穴からつぎつぎおくりだし、遠くに飛ばします。

子どもたちに命のバトンを渡すと、おかあさんは力つき、死んでしまいます。

あかちゃんは、きびしい海の中で、たくましく生きていきます。

写真は、マダコの家族です。

タコのなかまは、世界中でおよそ200種類。日本の近くの海では、およそ50種類います。
マダコは軟体動物という貝のなかまで、祖先は巻貝を持っていましたが、貝殻をすてて、自由に海底を動きまわる生活になりました。
吸盤がある8本のあしは、頭からでたもので、頭の上のまるい部分は胴です。
カニやエビ、貝などを、だきかかえながら、あしのつけ根にあるクチバシのある口で、殻をとって食べます。体の色や形がすばやく変わり、海底にかくれるのも得意です。
岩のすきまやくぼみなどを巣穴にし、骨のないやわらかい体をすべりこませて入ります。
オスとメスは交尾のあと、メスだけがこの巣穴にこもり、産卵します。

タコの家族

巣穴の中で

海があたたかくなる5月〜9月ころ、マダコのおかあさんが巣穴の中で10〜20万個のたまごを産みます。

巣穴の天じょうから、おかあさんは、長いふさになったたまごをぶらさがるように産みつけます。

たまごは、米つぶを小さくしたようなふくろの形で、たまごのふさには小さな柄がついています。

その柄を、おかあさんはだ液でよりあわせ、じょうぶなたまごのふさをたくさんつくります。

産卵は、1週間ほどかかります。

たまごを守る

たまごを産んだおかあさんは、巣穴の中にこもり、なにも食べずに、ひとりでたまごの世話をします。

「ろうと」とよばれる口のような小さなホース状のところから、たまごに水を吹きかけ、新せんな水をおくり続けます。あしの吸盤でたまごのふさをなでて、ごみやカビがつかないように守ります。

たまごは、魚などにねらわれるので、おかあさんはしっかりと見はり、近づいてくると石や貝殻などで入り口をふさいで追いかえします。

ろうとの先をとじたりひらいたりして、水をおくります。

吸盤

もうすぐ生まれる

はじめは真っ白だったたまごの色が、茶色っぽく変わってきます。

たまごの中であかちゃんが大きくなってきたのです。

よく見ると、目や体のもようも見えます。

あかちゃんが生まれる日が近づいてきています。

あかちゃんの銀色の目も見えます。

あかちゃんの旅立ち

産卵から25〜40日。おかあさんは、ろうとから、いつもより強く水をふきかけます。すると、たまごからあかちゃんが飛びだします。

大きさはおよそ2mm。すきとおった体にもようがあり、大きな目も光っています。

あかちゃんはどんどん、どんどん生まれていきます。おかあさんは、水をはいて、あかちゃんを巣穴から遠くへ押しだします。

あかちゃんも小さなろうとから水をはいて泳ぎます。たくさんのあかちゃんが、海の底から水面に向かって泳いでいきます。

タコのあかちゃんたちは、守ってくれたおかあさんから、広い海へと旅立ちました。

生まれたばかりのマダコのあかちゃん。みじかいあしには、吸盤もついています。

ふわふわとただようように泳ぎます。

おかあさんの死

子どもたちの旅立ちを見おくった次の朝。命がけの子育てが無事終わると、柄だけになったたまごのあとがぶらさがった巣穴の中で、おかあさんは死んでしまいます。

死んだあと、なに者かに食べられたおかあさん。

たくましく生きる子どもたち

水面へと泳いでいったあかちゃんたちは、水中のプランクトンを食べて、1か月ほどただよいながらくらします。

吸盤が成長すると、海底におりてえものをつかまえ、大きく成長していきます。

冬には1cmくらいの大きさになり、海底ではうようになります。

マダコ・子育てメモ

- おかあさん…体の大きさ・およそ60cm　体重およそ3.5kg
- あかちゃん…体の大きさ・およそ2mm　体重およそ0.025kg

- 一度に産むたまごの数…10〜20万個
- たまごの大きさ…およそ2mm
- たまごがかえるまでの日数…25〜40日

カエル

カエルのおかあさんは、冬が終わるころ、土の中で冬眠から目ざめます。
そして、水のある方を目指し、歩きだします。
車のとおる道路を横切ったり、敵にねらわれたりすることもあります。
それでも水のある場所へと向かうのは、たまごを産むためです。
鳴き声の合図で、おとうさんと出あい、やがていっしょにたまごを産みます。
おかあさんはたくさんのたまごを、おとうさんと協力して産みます。
そして子どもたちが生まれるのをまたずに、またきけんな旅をして、もとの場所にもどり、もう一度土の中でねむります。

日本にすむカエルの中で、ヒキガエルはおもに2種類います。西日本に広くすむニホンヒキガエルと、北海道以外の東日本に広くすむアズマヒキガエルです。
ニホンヒキガエルは赤茶系、アズマヒキガエルはこげ茶系で、大きさはニホンヒキガエルの方が大きいですが、よくにています。
夜に活動し、小さな虫やミミズなどを、長い舌でつかまえて食べます。ジャンプはあまりしません。
食べものがなくなる季節に冬眠に入り、春のはじめに一度目ざめ、繁殖地の水場に向かいます。産卵を終えると、もとの場所にもどり、またねむります。たまごを産むとき以外は、ほぼおなじ場所でくらしています。

写真は、ヒキガエルの家族です。

カエルの家族

水を目指して

ヒキガエルは、春になると、すんでいる山や畑などから、池や沼などの流れのない水のあるところを目指して歩きだします。
「クックックッ」というオスの鳴き声にひきよせられて、メスが近より、つがいになります。

池に、たくさんのヒキガエルがあつまります。

たまごを産む

ひものような卵かいの中に大きさおよそ2mmのたまごがおよそ8000個入っています。

池や沼の近くにあつまったヒキガエルたちは、たまごを産みはじめます。
おとうさんはおかあさんのお腹をしめつけて、おかあさんがおしりからたまごを産むのを手伝います。
カエルのおとうさんとおかあさんはたまごを産むと、それぞれくらしていた山や畑に帰り、土の中で梅雨のころまでねむります。
ヒキガエルのたまごは、かんてんのような長いひもの中に入っています。
たまごははじめ、いろいろな方向を向いていますが、やがて黒いところを上にして、きれいにならびます。

たまごからオタマジャクシへ

たまごが産みおとされて、およそ1週間すると、たまごのまくをやぶって、ヒキガエルのあかちゃんが生まれます。
生まれたばかりのあかちゃんは、ほおの両がわにひらひらしたエラがあります。これは、水の中で呼吸をするためです。
生まれて1週間すると、ひらひらのエラはなくなり、体の中にエラができます。
尾もほそくのびて、ようやくオタマジャクシになります。

オタマジャクシは、やがて後ろあしがでてきます。

オタマジャクシからカエルへ

オタマジャクシは、水草を食べて、育ちます。
およそ1か月半すると、尾のつけ根に小さなふくらみができます。
ふくらみはだんだん大きくなり、およそ1週間であしになります。
それからおよそ2週間で、左前あし、それから右前あしが皮ふをつきやぶってでてきます。
4本あしがでそろうと、長かった尾がみじかくなり、目がもりあがり、口が横にひらきます。
そのころには、エラはなくなり、肺で呼吸するようになります。
こうして、オタマジャクシは、小さな子ガエルになります。
子どものカエルは3年で、親ガエルになります。

生まれて2か月半ほどの子ガエル。体は真っ黒で、大きさはおよそ1cmです。

オタマジャクシ

後ろあしがでます。

前あしがでます。

尾がなくなり、カエルになります

いろいろなカエルの子育て

カエルは、世界中にたくさんの種類がすんでいます。
子育てもいろいろ。
めずらしい子育てをするカエルもいます。

●ピパ

メスは、たまごを自分の背中で育てます。コモリガエルともよばれています。

●ヤドクガエル

ヤドクガエルのなかまは、オスがオタマジャクシを背中に乗せて移動します。

ヒキガエル・子育てメモ

- おかあさん…体の大きさ・8〜18cm　体重44〜600g
- あかちゃん…体の大きさ・オタマジャクシ3.5〜4mm　子ガエルおよそ1cm　体重およそ0.13g
- 一度に産むたまごの数…1500〜14000個
- たまごの大きさ…およそ2mm
- たまごがかえるまでの日数…およそ7日

アズマヒキガエル

ニホンヒキガエル

ツバメ

夏のはじめ、ツバメのあかちゃんたちが生まれます。
いつでもお腹のすいてるあかちゃんたちは、「ピィーピィーピィー」と大さわぎ。
おとうさんとおかあさんは、なん度も食べものをはこびます。
そんなにぎやかな子育てが終わると、やがてきびしい渡りの季節がやってきます。

ツバメは、日本とフィリピンやインドネシアなどの東南アジアを行き来する渡り鳥です。日本で生まれたツバメがつぎの年もどってこられるのは1割ほど。それでも渡りをするのは、日本には春から夏に食べものの虫がたくさんいるため、子育てがしやすいからといわれています。

ツバメの家族

あかちゃんもおとなとおなじ虫を食べます。

おとうさん、おかあさんが協力して子育て

春、日本へやってきたツバメは、家ののき下や駅の構内などに、どろやわら、かれ草などにだ液をまぜて、3～6日かけて巣をつくります。
そこに4～6個のたまごを産み、あたためます。
おかあさんが水を飲んだり、食べものを食べるときは、おとうさんがかわってたまごをあたためます。
およそ2週間であかちゃんが生まれると、おとうさんとおかあさんが協力して子育てをします。1日に数百回巣から飛び立ち、飛んでいる虫をつかまえ、あかちゃんにあたえます。

あかちゃんの巣立ち

3週間くらいであかちゃんは大きくなり、少しずつ飛び方を練習しながら、昼間は巣の近くで食べものを食べ、渡りの力をたくわえて、巣立っていきます。
おかあさんは、つぎのあかちゃんを産むために、またいそがしい毎日をおくります。
つがいは、春から夏までに2～3回、子育てをくり返します。

みんなで渡りの準備

子どもたちは、おとうさん、おかあさんから巣立ったあと、夜は、たくさんのツバメがあつまる「ねぐら」でねむるようになります。
ねぐらは、大きな川べりなどにあるヨシ原にあります。
あちこちから、子ツバメや、子育てが終わったおかあさん、おとうさんたちが、数百羽～なん千羽・なん万羽とあつまります。
大きな「集団ねぐら」ですごしながら、渡りのための体力をつけていきます。

夕ぐれどきになると、たくさんのツバメがヨシ（水辺に生える植物）の葉やくきにおり立ち、ねむります。

ツバメ・子育てメモ

- おかあさん…体の大きさ・およそ17㎝　体重およそ18g
- あかちゃん…体の大きさ・およそ3.5㎝　体重およそ1.7g
- 一度に産むたまごの数…4～6個
- たまごの大きさ…およそ19㎜
- たまごがかえるまでの日数…およそ2週間

ツバメの一年
巣づくり → 産卵 → ひなが生まれる → 巣立ち → ねぐらいり → 渡り
4月～7月　　　　　　　　　　　　　　　　　　8月　　　9月～
←2～3回くり返す→

日本のツバメの渡りのコース
日本／台湾／インドシナ半島／フィリピン／マレー半島／ニューギニア島／ジャワ島／オーストラリア

カラス

群れからはなれた木の上の巣で、カラスのおとうさんとおかあさんは、子育てをします。
大切にあたためたたまごからあかちゃんが生まれると、あかちゃんのためにせっせと食べものをはこびます。
でも、大いそがしもあっという間。あかちゃんは、秋にはおとうさん、おかあさんと見分けがつかないくらい大きく成長します。

ハシボソガラス、ハシブトガラスは、子育てをする季節以外は、たくさんのなかまの群れでくらします。
ハシボソガラスはおもに林や農地、海岸などで、ハシブトガラスは山や海岸、都会で、果実や虫、動物の死がいなどを食べてくらしています。
飛ぶだけではなく、片あしずつ前にだすウォーキングと、両あしいっしょに前にはねるホッピングを、使い分けて歩きます。

写真は、ハシボソガラスの家族です。

カラスの家族

春は巣づくり

カラスは、春、群れからはなれて、つがいになり、巣をつくります。
巣は、かれ枝や草のくきで外がわをつくり、中には、わらやほかの鳥の羽などをしきつめ、およそ1か月かけてつくります。
巣の場所は、なかまとは少しはなれるようにします。
食べものを見つけやすく、また敵に見つかりにくいところです。

巣の材料をくわえてはこぶカラス

巣のいろいろな材料　木のえだ、草のくき、ビニールひも、はりがねハンガーなど。

たまごからあかちゃんへ

巣ができると、1日1個ずつ、あわせて3〜6個のたまごを産みます。
たまごをあたためるおかあさんに、おとうさんは食べものをはこびます。
20日くらいで、たまごからあかちゃんが生まれます。
生まれたばかりのあかちゃんは、羽もなく、目も見えません。
およそ1週間で羽が生えはじめ、およそ10日で目があきます。
おとうさんとおかあさんは協力して、あかちゃんの食べものをはこびます。

あかちゃんの食べものは、虫の幼虫ややわらかい肉などです。

巣立ちから群れへ

たまごから生まれて1か月くらいで、子どもたちは巣をでます。
子ガラスたちは、羽も真っ黒になり、おとうさんやおかあさんと見分けがつかないくらいに大きく育ちました。
巣立って10日間くらいは、巣の近くで、おとうさん、おかあさんから食べものをもらいます。
そのあとは、親鳥について、食べものを自分でさがすようになります。
大きな群れになる秋まで、親子はいっしょにすごします。

巣立ってすぐは、巣の近くの枝ですごします。

カラス・子育てメモ

- おかあさん…体の大きさ・50〜57cm　体重400〜800g
- あかちゃん…体の大きさ・およそ5cm　体重13〜17g
- 一度に産むたまごの数…3〜6個
- たまごの大きさ…およそ5cm
- たまごがかえるまでの日数…およそ20日

カラスの一年

4月 巣づくり → 5月 産卵 → 6月 子育て → 7月 巣立ち → 8月〜11月 小さな群れでねぐらをつくる → 12月〜3月 大きな群れでねぐらをつくる

クマ

春。冬眠から目ざめたクマのおかあさんが、巣穴からでてきます。この冬に生まれた小さなあかちゃんもつれています。
まっくらな巣穴の中とちがって、外の世界はまぶしく、キラキラしています。
あかちゃんは、おかあさんについて歩きだします。

新しい木の芽や花をさがして、はじめての野山をかけだします。
おかあさんは、ときどき立ちあがって、遠くのにおいをかいでいます。
いっしょにすごせるかぎられた時間、別れの日までおかあさんはあかちゃんを大切に育てます。

写真は、ツキノワグマの家族です。

日本にすむクマは、ツキノワグマとヒグマの2種類がいます。
体の大きさが2m以上になるものもいるヒグマとくらべると、ツキノワグマは小さな体をしています。たいてい胸に白いもようがあり、この形は1頭1頭ちがい、一生変わりません。
本州や四国の山でくらし、おもにどんぐりや木の実、アリなどの虫や、魚を食べます。
冬には寒い地方では冬眠し、メスは冬眠のあいだに出産します。
でも、栄養がたりないと、出産しないこともあります。
夏にオスとメスはつがいになり、数日いっしょにすごしますが、子育てはメスだけでおこないます。

クマの家族

冬眠中に出産・子育て

ツキノワグマのおかあさんは、12月〜3月の冬眠中に、1〜2頭のあかちゃんを産みます。
生まれたばかりのあかちゃんの体重は200〜400g。おかあさんの体重の200分の1です。
巣穴の中で、あかちゃんは、おかあさんから栄養たっぷりのおっぱいをもらい、ぐんぐん大きくなります。
冬眠が終わるころには、生まれたときの10倍近くの大きさに育っています。

岩の割れ目や木の根もとの穴を巣にして、春までこもります。

春がきた！

3月末ごろ、冬眠を終えて、おかあさんとあかちゃんは、穴からでてきます。
あかちゃんは、まだよく動けないので、穴からでたり入ったりをくり返します。
そのうち、体力がついてくると、おかあさんのあとをついて、広い世界へと動きまわるようになります。
親子でいっしょに行動し、昼は虫や木の実、草やこけなどをさがして食べ、夜はしげみなどでねむります。

あかちゃんは、はじめて見る外の世界に、興味しんしんです。

木の上も川の中も

ツキノワグマは、木のぼりも得意です。
親子で木にのぼり、新芽や木の実を食べたり、木の上で昼寝をしたりすることもあります。
どんぐりがあまり見つからないときは、川べりをあるいて、魚を食べることもあります。

高いところや枝の先へものぼります。

2度目の冬もいっしょに冬眠

子どもたちが生まれて、1年がたち、また冬がやってきました。
ツキノワグマは、出産しなくても、冬眠します。2度目の冬も、親子でいっしょに穴に入り、春まで冬眠します。
2度目の冬眠のあと、夏になる前に、子どもたちはおかあさんとはなれてくらすようになります。

穴で冬眠する親子

冬眠のしくみ

冬眠中のツキノワグマは、なにも食べず、飲まず、うんちやおしっこもしません。
冬眠前の秋に、たくさん食べて、体にしぼうをたくわえます。冬眠中は、そのしぼうからエネルギーをつくりだします。このとき、おしっこもつくられますが、体の外にはださず、体の中に吸収して、筋肉のもとにします。
また、体温が30度台とあまりひくくならずに冬眠します。冬眠することで、骨が弱くなるのをふせぐはたらきがあるとも考えられています。
このような体のしくみで、筋肉や骨がおとろえることなく冬眠することができ、冬眠後もすぐに動きまわることができるのです。

冬眠のため、たくさんの食べものを食べます。

ヤマネやシマリスなどは、5度台くらいのひくい体温で冬眠します

ヤマネ

シマリス

ツキノワグマ・子育てメモ

- おかあさん…体の大きさ・110〜130cm　体重40〜120kg
- あかちゃん…体の大きさ・およそ15cm　体重200〜400g
- おっぱいの数…6個
- 一度に生まれる子どもの数…1〜2頭
- お腹の中にいる妊娠期間…およそ60日
- おっぱいを飲む受乳期間…2〜3か月

イノシシは、ブタの祖先の野生動物です。
日本にすむニホンイノシシは、つきでた鼻はやわらかく、よく動き、はじめて見るものをさわってたしかめることもします。力も強く、重いものを持ちあげることもできます。
またあしがみじかく、冬眠もしないので、雪がたくさんつもるところにはくらせません。
北海道以外の、雪のすくない野山にくらしています。
木の根や実、草のほかに、虫やカエルなども食べます。
冬にオスとメスが出あい、春に出産しますが、子育てはメスだけでおこないます。
子どもは1年でおかあさんとはなれてくらします。

イノシシ

春、イノシシのおかあさんは、数頭のあかちゃんを産みます。しまもようの「うりんぼ」です。

うりんぼたちは、ぎゅうぎゅうづめにならんで、おかあさんのおっぱいを飲みます。

でもちゃんと自分が飲むおっぱいはきまっています。

どんどん飲んで、ぐんぐん大きくなって、しまもようがきえても、もう少し、おかあさんといっしょです。

おかあさんとあかちゃんたちは、ときにはどろだらけになって、夏をすごし、大きく成長していきます。

イノシシの家族

屋根のある巣で出産します

イノシシのおかあさんは、春から夏に、木や草で屋根のある巣をつくり、その中で3〜8頭のあかちゃんを産みます。
あかちゃんが小さいうちは、巣の中でおっぱいをあげて、育てます。

おかあさんは、横になっておっぱいをあげます。きょうだいはたくさんいますが、自分のおっぱいの場所はきまっているため、けんかにはなりません。

子どものころは「うりんぼ」

イノシシのあかちゃんは、背中にしまもようがあります。このもようが、やさいのウリににているので、猟師は「うりんぼ」とよんでいました。
草やこもれ日にまぎれやすく、敵から身を守るためのもようになっています。
このうりんぼのしまもようは、だんだんうすくなり、3か月をすぎるときえてしまいます。

どろんこ遊びが大好き

イノシシは、「ぬた場」とよばれるぬかるみの近くでくらします。
どろを体にこすりつけて、ダニや寄生虫をおとします。
子どもたちも、おかあさんを見て学び、体にどろをこすりつけます。

おかあさんといっしょにどろんこ遊び。
イノシシにとってはとても大事です。

きょうだいいっしょに大きくなる

野山や川を、おかあさんについて、きょうだいいっしょに移動します。
そうして、たくましい体に育っていきます。
1さいをむかえる春には、おかあさんとはなれてくらすようになります。
きょうだいですごしたあとは、メスは群れをつくり、オスは1頭で生きていきます。

おかあさんのきょうだいの子どもたちもいっしょに、おおぜいの群れで行動することもあります。

鼻で見つける

イノシシは、においをかぎ分け、鼻先で地面をほるのが得意です。
鼻をスコップのように使って、植物の根などをほりおこし、食べます。
子どもたちも、おっぱいを3か月まで飲んだあと、植物の根などを食べます。
鼻の使い方は、おかあさんを見て学び、身につけていきます。

鼻を使って、食べものをさがします。

イノシシ・子育てメモ

- おかあさん…体の大きさ・100〜150cm　体重およそ100kg
- あかちゃん…体の大きさ・およそ20cm　体重600〜800g
- おっぱいの数…10個
- 一度に生まれる子どもの数…3〜8頭（平均6頭）
- お腹の中にいる妊娠期間…114〜120日
- おっぱいを飲む受乳期間…およそ90日

キツネ

北海道にくらすキツネのおかあさんは、ようやくひざしがあかるくなってきた春のはじめ、あかちゃんを産みます。

生まれてすぐは目もあいていなかったあかちゃんたちが、巣穴の外にでてくるころには、もうすっかりいたずらっ子の顔になります。

でもカラスにつつかれそうになると、すぐに巣穴にもどります。

やっぱりおかあさんといっしょは、気持ちよくて安心です。

夏の終わりにはもう、おかあさん、おとうさんからはなれてくらさなければなりません。

やがて、広い大地へ子どもたちは旅立っていきます。

写真は、キタキツネの家族です。

キツネは世界に広くすむほ乳類です。北半球のほとんどの地域にすみ、どんな環境でもくらすことができます。

日本には、本州から南の地域にすむホンドギツネと、北海道にすむキタキツネがいます。どちらもアカギツネのなかまです。

キタキツネは、おもに肉食で、ノウサギやノネズミ、は虫類や虫などを食べますが、果実や穀物も食べる雑食です。

雪の中にえものをかくし、何日にも分けて食べることもあります。

おとなのオスは広く移動してくらし、旅のとちゅうで出あったメスと家族をつくります。

キツネの家族

春、巣穴の奥で出産

春になると、キタキツネのおかあさんは、巣穴の一番奥の小さな部屋で、2〜7頭のあかちゃんを産みます。
生まれたばかりのあかちゃんは、黒っぽい体で、目も耳もあいていません。
おかあさんはほとんど外へでることなく、おとうさんがはこんでくれる食べものを食べて、あかちゃんの世話をします。
おっぱいをあげて、あかちゃんのおしりをなめて、うんちやおしっこをでやすくします。
でてきたうんちやおしっこも、おかあさんがなめてきれいにします。
生まれてから23日目ごろ、少し大きくなったあかちゃんは、巣穴の外へ顔をだします。

あかちゃんは、おどおどしながら、巣の外へ顔をだします。

少しずつ、外へ

子どもたちは、巣からでてきたばかりのころは、外の世界にびっくりして、すぐに巣にもどることもあります。
でも、外の世界は楽しく、また飛びだします。
おかあさんは、おっぱいの時間になると、「クックッ」と鳴いて、子どもたちをよびます。
子どもたちは、巣の中にいても、すぐに飛びだしてきます。
おかあさんは立ったまま、おっぱいをあげます。

きけんがないか、おかあさんはいつでもまわりに気をつけながら、おっぱいをあげます。

なんどもひっこし

キタキツネは、たくさんの巣穴を持っています。
犬や人間にのぞかれたりすると、すぐにべつの巣穴へひっこしをします。
しゃ面にほった巣穴のほかにも、人間が使わなくなった家や倉庫を、巣にすることもあります。

小さいあかちゃんのときは、おとうさん、おかあさんがくわえて、はこびます。

遊び、大好き！

キタキツネの子どもたちは、遊ぶのが大好きです。
いろんなものをかくしたり、地面をほったり、チョウなどの動くものを追いかけたりします。
おとうさん、おかあさん、きょうだいと、じゃれたり、走ったりして、よく遊びます。
狩りにもついていき、えもののつかまえ方を学びながら、大きくなっていきます。

子どもたちはよくじゃれあいます。

親子ではなしながら、毛づくろい。

いろんなものに興味を持ちます。

そして子わかれ

春に生まれた子どもたちは、秋には家族とはなれてくらすようになります。
やさしかったおかあさんが、ある日とつぜん、大きな口をあけて、子どもたちを追いかけ、かみつこうとします。子どもたちはびっくりして、にげだし、はなれていきます。
こうして、おとうさん、おかあさんは、自分の力で生きていけるようになった子どもたち1頭ずつと「子わかれ」します。
オスの子どもは家族から遠くはなれて、メスは家族の近くで生きていきます。
おかあさんがまた子どもを産むと、メスの子どもはおかあさんの子育てを手伝うこともあります。

かみつかれそうになり、びっくりした子どもは、家族の巣からはなれていきます。

キツネ・子育てメモ

- おかあさん…体の大きさ・50〜90㎝　体重3〜14kg
- あかちゃん…体の大きさ・およそ15㎝　体重100〜150g
- おっぱいの数…8個
- 一度に生まれる子どもの数…2〜7頭（平均4頭）
- お腹の中にいる妊娠期間…およそ50日
- おっぱいを飲む受乳期間…およそ90日

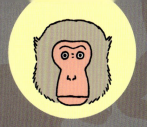

サル

サルのあかちゃんは、いつでもおかあさんといっしょ。
おっぱいのときだけでなく、どこにいくのも、だっこやおんぶでくっついていきます。
おかあさんが、ひょいひょいっと飛びうつっても、だいじょうぶ。
あかちゃんは、しっかり、おかあさんにしがみついています。
はじめて木のぼりをするときも、おかあさんはすぐそばでやさしく見守ります。
そして、遊びつかれたら、またおっぱい。
おかあさんは、おっぱいをあげながら、ていねいにあかちゃんの毛づくろいをします。
あかちゃんは、いつもいっしょのおかあさんとのふれあいから、大きな群れの中で生きていくルールを身につけて、成長していきます。

ニホンザルは、本州・四国・九州にすむホンドザルと、屋久島にすむヤクシマザルの2種類がいます。
ホンドザルは世界で一番北にくらすサルで、マイナス20度の気温にもたえることができます。
リーダーはたいてい経験豊かなメスザルで、10頭から200頭以上もの群れでくらします。
木の葉や実、虫や小動物などが食べものですが、手を使って、皮をむいたり、野菜のどろをあらって食べたりもします。
ヒトやゴリラなどとおなじように、いろいろなものに興味を持ち、ためして学ぶことができる動物です。

写真は、ホンドザルの家族です。

サルの家族

小さなあかちゃん

2年に一度、春から夏のあいだに、ホンドザルのおかあさんは、あかちゃんを1頭産みます。
あかちゃんは、とても小さく、大きさは20cmほど。黒っぽいふわふわのみじかい毛をしています。
生まれてすぐは、目もよく見えていません。1週間くらいすると、ようやく見えるようになってきます。
あかちゃんは、歩けるようになる1か月くらいまでは、いつもおかあさんといっしょで、おっぱいだけを飲んで育ちます。

おかあさんは、あかちゃんをいつもだっこしてつれ歩きます。

両手を使って、木の葉を食べるあかちゃんザル。

歯が生えて

1か月くらいで、あかちゃんに歯が生えはじめると、おっぱいだけでなく、やわらかい木の葉や果実などを食べるようになります。
3か月で歯が生えそろうと、おかあさんとおなじ食べものの木の皮や根など、かたいものも食べられるようになります。
あかちゃんでも、じょうずに果物の皮をむいて食べることができます。

だっこからおんぶへ

あかちゃんは、3か月ぐらいまでは、おかあさんのお腹につかまり、だっこで移動します。
そのあとは、おかあさんの腰に乗り、おんぶではこばれます。
半年すぎたころからは、自分でしっかり歩くようになります。

落ちないように、腰にしがみついています。

毛づくろい、大好き

ホンドザルは、1日の3分の1くらいは、なかまと毛づくろいをしてすごします。
おたがいに、相手の毛をかき分けて、ごみやシラミをとります。
毛づくろいは、群れがなかよくすごすために、とても大事です。
子どもたちも、毛づくろいのやり方を、おかあさんから教わり、身につけます。

サルの毛は、季節の気温にあわせて、冬には多く、夏には少なくなります。

たくさん遊んで

群れでくらすホンドザルの子どもたちは、遊びながら、群れのルールを身につけ、なかまとのきずなをふかめていきます。
おとなになると、オスは5さいくらいで群れをでます。
メスは4さいくらいであかちゃんを産み、群れにのこります。

ホンドザルは地面の上とおなじくらい、木の上ですごします。
4か月ころから、木から木へ、飛びうつることもできるようになります。

雪の上でも遊びます。

遊びながら、いろんなことを学びます。

ホンドザル・子育てメモ

- おかあさん…体の大きさ・50〜60㎝　体重8〜15kg
- あかちゃん…体の大きさ・およそ20㎝　体重500〜600g
- おっぱいの数…2個
- 一度に生まれる子どもの数…1頭
- お腹の中にいる妊娠期間…150〜180日
- おっぱいを飲む受乳期間…3〜12か月

サケ

海のくらしを体いっぱいにすいこんで、生まれた川へもどってきたサケのおとうさんとおかあさん。おかあさんは傷だらけになって、尾びれで川の底の砂利をほりおこし、最後の力をふりしぼって、たまごを産みます。やがて真珠のようなまるいたまごから、新しい命が生まれます。

サケは、北海道や日本海、太平洋にすむ魚です。
川で生まれ、その後、海へでて泳ぎまわり、おとなになると、また生まれた川へもどります。川でオスとメスは出あい、産卵します。
小さい稚魚のうちはプランクトンを、大きくなると魚やイカなどを食べます。

サケの家族

川のにおいをおぼえてから、海へいくといわれています。

川から海へ

川底のくぼみに産みつけられたたまごから、およそ2か月でサケのあかちゃんが生まれます。
生まれてすぐは、お腹に栄養が入っているふくろがついています。
50日すると、ふくろはなくなり、小さな魚のかたちになります。
体の大きさが5〜6㎝になるころ、群れで海へと向かいます。

海から川へ

海で3〜5年すごしたサケたちは、たまごを産むときが近づくと、生まれた川を目指します。
夏の終わり、サケは川をのぼりはじめます。
おとうさんとおかあさんは、ゆっくり泳いで、たまごを産む場所をさがします。
川底が砂利で浅く、流れがはやい場所を見つけると、おかあさんは、尾びれで川底の砂利をほり、巣をつくります。おとうさんは、そばで見守ります。
おかあさんがたまごを産むと、おとうさんが精子をかけます。1回の産卵で500〜2000個のたまごを産みおとします。
おとうさんとおかあさんは、場所をかえて、数回産卵します。
すべて終わると、7〜10日で力つき、やがて死をむかえます。
川岸にあがったサケの体は、カラスやキツネの食べものになります。
海の養分をたくさんふくんだ身は、野山の生きものが生きていくための大事なエネルギーになります。

オスとメスは口をあけて産卵します。
川をのぼりはじめると、オスは口先が曲がるので、「鼻曲がり」とよばれます。

メスは産卵し、オスは精子をかけます。

サケ・子育てメモ

- おかあさん…体の大きさ・60〜80㎝　体重およそ3kg
- あかちゃん…体の大きさ・およそ20㎜　体重およそ0.1g
- 一度に産むたまごの数…500〜2000個（1回）×数回
- たまごの大きさ…およそ6㎜
- たまごがかえるまでの日数…およそ60日

日本のサケの回遊

生きもの家族

もっと知りたい！調べよう!!

生きものの家族や子育て、命について、まだまだわからないことや知りたいことが、たくさんあるかもしれません。図鑑を見たり、動物園に行ったり、身近な生きものさがしにでかけてみたりして、調べてみましょう。

ゴリラ

- ゴリラの手をにぎる力は、人間のおよそ10倍。ひくい木ならかんたんにたおすことができます。でも、ほかの動物をおそうことはほとんどしません。
- シルバーバックが群れのケンカをとめるときは、ケンカをはじめたほうか、体の大きいほうをなだめます。

ゾウ

- ゾウの鼻は、上くちびると鼻がつながってできたものです。10万もの筋肉でできており、自由に動かすことができます。
- 大きなきばは、アフリカゾウはオスにもメスにもありますが、アジアゾウはオスだけです。
- 大きな耳をパタパタと動かして、体温をさげています。

ライオン

- ライオンのオスのたてがみは、自分を大きく見せ、メスにも好かれるだけでなく、相手からのこうげきをやわらげるのにもやくだっています。
- しっぽの先にふさがついている動物は、ネコ科の中では、ライオンだけです。
- 15cmくらいの長くて太いうんちを、1日1回します。

キリン

- キリンは何日も水を飲まなくても大丈夫。水を飲むときは、まわりに敵がいないか、よく気をつけて、前あしをよこに大きくひろげ、頭をさげて飲みます。
- キリンのもようは、きつね色にくっきりした線のアミメキリン、こい茶色にギザギザした線のマサイキリンなど、4種類に分けられるといわれています。

カバ

- カバは、陸にいるとき、皮ふがかわいてくると赤い汁をだすことがあります。これは、皮ふがかわいたり、日やけしたり、きず口に菌が入るのをふせぐためです。
- カバのあしには小さな水かきがついています。水中では、前あしを動かして、水の底を歩くようにゆったりすすみます。

コアラ

- コアラのうんちは、濃い緑色のかたいうんちで、ユーカリのツーンとしたにおいがします。
- 昼間はねていることが多いコアラですが、夕方から夜にはほえるような声をだしたり、木から木へ飛びうつったり、ゆっくり動いたりします。
- 祖先は木の上でなく、地上でくらしていました。

ダチョウ

- あかちゃんをねらう敵が近づくと、おとうさんはケガをしたふりをして、敵をひきつけ、ひなたちを守るという行動もします。
- 地面に全身をこすりつけ、体についた虫などをとります。
- ダチョウのなかまは、走鳥類といい、大昔のゴンドワナ大陸にすんでいました。

オオカミ

- オオカミの鼻はとてもよく、2kmはなれたところにいるえもののにおいも気づくことができます。
- 日本にも、むかしは、北海道にエゾオオカミ、本州、四国、九州にニホンオオカミがくらしていました。しかし人間にころされたり、犬の伝染病が広がったことなどから、100年ほど前に絶滅しました。

パンダ

- パンダの食べものの竹は、数十年に一度花をさかせます。花のあと、竹はかれてしまうため、そのときは食べものがたりずに、死んでしまうパンダも多くいます。
- パンダは泳ぐこともできます。パンダがくらす山には川もあり、食べものや結婚相手をさがして、川を泳いで渡ることもあります。

トラ

- トラは1頭で狩りをするので、えものをうまくつかまえられないことが多いです。大きなえものをつかまえると、何日もかけて、食べつくします。
- 美しい毛皮や体を薬として使うために、人間にたくさんころされています。絶滅が心配されている動物のひとつです。

カンガルー

- ジャンプも走るときも、後ろあしは両あしをそろえたまま。片ほうずつ動かすことは、できません。
- メスをめぐってオスどうしがたたかうときも、しっぽで体をささえて立ちあがり、両あしをそろえてキックします。
- メスをさがしてたくさん走ってつかれたときなどは、地面に浅いくぼみをほり、横すわりで穴におしりを入れて休みます。

ホッキョクグマ

- ホッキョクグマはライオンやオオカミなどとおなじ食肉類のなかまで、するどいきばがあり、アザラシなどの肉を食べることができます。
- 寒いところにくらすヒグマより、さらに北にすむのがホッキョクグマで、ヒグマより大きな体をしています。
- 白い毛は、じつは色素がぬけた透明な毛で、中は空どうになっています。

ラッコ

- ラッコのあかちゃんは、貝殻を岩にぶつけて、遊んだりします。
- おしっこもうんちも黄色。うんちはつぶつぶです。
- ラッコのひげは、とてもするどい感覚をもっているので、ひげを使って、くらい海でも貝などを見つけることができます。

クジラ

- ザトウクジラのおっぱいは、乳頭溝（乳裂）というみじかいみぞの中にあるので、泳ぐときにじゃまになりません。
- クジラの肺はとても大きく、一度にたくさんの空気を吸いこむことができます。
- ねむるときも呼吸をしなければならないので、完全にねむらず、脳の半分はおきています。ゆっくり泳ぎながら、ねむっています。

ペンギン

- コウテイペンギンのあしの皮ふはとてもあつく、羽はあし首までついているため、体温がさがりにくくなっています。
- あしの裏はざらざらしていて、氷の上でもすべりにくくなっています。

ワニ

- ワニはお腹にたくさんの石を入れています。石は、食べたものをこまかくするのに、必要だからです。大むかしの恐竜も、お腹の中に石が入っていました。
- お腹の石は、水にもぐるとき、体が動かないようにしたり、バランスをとったりするのにも役立っています。

タコ

- かくれるのが上手なタコですが、にげるときは、すみをはきます。すがたが見えなくなっているうちにすばやく泳いでにげます。
- タコは、おぼえることが得意で、また学ぶ力もあります。とても頭のいい生きものといわれています。

カエル

- 土の中でねむっていたヒキガエルは、春に土の中の温度を感じて、土からでてきます。
- ヒキガエルはつかまえられると、目の後ろやイボから、毒のある白い液をだして、身を守ることがあります。

- きびしい寒さの中、あかちゃんは大きくなるまでに半分以上が死んでしまいます。でもおとなになると、20年以上生きることができます。

ツバメ

- ツバメの巣は、種類によって、巣の形がちがいます。
- くちばしは小さく見えますが、開くと大きく、空中で虫をつかまえやすくなっています。
- あしはほそくてみじかいので、巣の材料をさがすとき以外は、あまり歩きません。電線や木にとまりますが、飛んでいることのほうが多いです。

カラス

- ハシボソカラスはガーガーとにごった声で鳴き、ハシブトカラスはカーカーとすんだ声で鳴きます。
- カラスのくちばしは、ほかの鳥にくらべて、ほそくも長くもみじかくもありません。いろいろな食べものを食べるのに向いた形になっています。

クマ

- ツキノワグマは、木のみきに、立ちあがって背中をこすりつけたり、すわって頭をこすりつけたりすることがあります。理由はまだよくわかっていません。
- 走るのは得意です。肩のまわりに筋肉が多く、手あしには大きな肉球があるので、しゃ面でも走ることができます。

イノシシ

- イノシシのあかちゃんのもようが、大きくなると消えるのは、敵にねらわれにくい、じょうぶな体になったからです。
- マレーバクのあかちゃんも、イノシシとおなじように、目だちにくい、おとなとちがうもようをしています。

 ## キツネ

- キタキツネのオスは、おしっこだけでなく、体中をこすりつけて、においをつけます。メスはオスのにおいの近くにおしっこをして、なかよくなろうとします。
- キタキツネの家族の形はいろいろで、子育てをしないおとうさんもいます。また、若いメスが子育てを手伝ったり、2組の親子が、おなじ巣穴でくらし、協力しあって子育てをすることもあります。

サル

- 子どもたちは、小さいうちはオス、メスいっしょに遊んでいますが、大きくなってくると、わかれて遊ぶようになります。
- メスの子どもたちは、あかちゃんの世話を手伝い、子育ての練習をします。
- おとなになると、顔がますます赤っぽくなります。

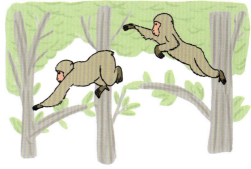

サケ

- サケの体やたまごが赤いのは、赤い色のもとをもったオキアミやヨコエビを食べたからで、あかちゃんのころは白い体をしています。
- マスとよばれるサクラマスは、サケのなかまです。サクラマスは、サケとおなじく、川で生まれて海にでて、またもどってくるものと、海にはでないものがいます。

109

さくいん

ア
アカカンガルー ……… 37・39
アカギツネ ……… 96
アザラシ ……… 53・55・108
アジアゾウ ……… 106
アシカ ……… 31
アズマヒキガエル ……… 81・83
アフリカゾウ ……… 14-17・106
アホウドリ ……… 71
アミメキリン ……… 19・106
アムールトラ ……… 49
アメリカアリゲーター ……… 73
アライグマ ……… 74

イ
育児のう ……… 38・39・40
イノシシ ……… 92-95・109
イリエワニ ……… 75
イルカ ……… 70
イワシ ……… 53

ウ
ウォンバット ……… 39・71
ウサギ ……… 31
ウニ ……… 59
うりんぼ ……… 93・94

エ
エジプトハゲワシ ……… 28
エゾオオカミ ……… 107

オ
オオアリクイ ……… 30
オオカミ ……… 44-47・52・53・70・107・108
オオカンガルー ……… 37・39
オキアミ ……… 65・109
オタマジャクシ ……… 82・83
オランウータン ……… 7

カ
カイウサギ ……… 16
カエル ……… 80-83・108
カニ ……… 59
カバ ……… 22-25・71・107
カピバラ ……… 31
カラス ……… 86-87・105・109
カルガモ ……… 31
カンガルー ……… 36-39・40・107

キ
キタキツネ ……… 96-99・109
キツネ ……… 52・96-99・105・109
キリン ……… 18-21・53・106

ク
クジラ ……… 62-65・108
クマ ……… 88-91・109
クレイシ ……… 69

ケ
ケルプ ……… 61

コ
コアラ ……… 39・40-43・107
コウテイペンギン ……… 66-69・108
コモリガエル ……… 83
ゴリラ ……… 6-9・52・70・101・106

サ
サクラマス ……… 109
サケ ……… 104-105・109
ザトウクジラ ……… 53・62-65・64・71・108
サル ……… 100-103・109

シ
シカ ……… 31・44
シマウマ ……… 53
シマリス ……… 30・91
ジャイアントケルプ ……… 61
ジャイアントパンダ ……… 32-35
シャチ ……… 53・65・70
ジャッカル ……… 12
集団ねぐら ……… 85
シルバーバック ……… 8・9・106

ス
スパーリング ……… 19・21
スマトラトラ ……… 49

ソ
ゾウ ……… 14-17・52・70・71・106

タ
タイリクオオカミ ……… 44
タコ ……… 76-79・108
ダチョウ ……… 26-29・71・107

タヌキ ……… 30
チ
チーター ……… 30・52
チンパンジー ……… 7・30
ツ
ツキノワグマ ……… 52・88-91・109
ツバメ ……… 84-85・109
ト
トラ ……… 48-51・52・107
ドラミング ……… 7
ナ
ナイルワニ ……… 75
ナックルウォーク ……… 7
ニ
ニシゴリラ ……… 7
ニシン ……… 53
ニホンイノシシ ……… 92
ニホンオオカミ ……… 107
ニホンザル ……… 71・101
ニホンヒキガエル ……… 81・83
ニワトリ ……… 28・31
ヌ
ヌー ……… 53
ぬた場 ……… 94
ハ
ハイイロオオカミ ……… 44
ハイエナ ……… 12・16・20・29
ハクジラ ……… 63・70
ハシブトガラス ……… 86・109
ハシボソガラス ……… 86・109
パップ ……… 42
パンダ ……… 32-35・52・71・107
ヒ
ヒガシゴリラ ……… 6-9
ヒキガエル ……… 70・80-83・108
ヒグマ ……… 89・108
ヒゲクジラ ……… 63・71
ヒト ……… 7・16・101
ピパ ……… 83
ヒョウ ……… 9・35・70

フ
フクロウ ……… 31
フクロテナガザル ……… 70
フクロモモンガ ……… 39
ブチハイエナ ……… 52・53
プライド ……… 13
プランクトン ……… 63・79・104
ヘ
ベンガルトラ ……… 48-51
ペンギン ……… 66-69・108
ペンギンミルク ……… 69
ホ
ホシムクドリ ……… 53
ホッキョクオオカミ ……… 44-47
ホッキョクグマ ……… 52・54-57・108
ホンドギツネ ……… 96
ホンドザル ……… 100-103
マ
マーキング ……… 49・71
マサイキリン ……… 18-21・106
マダコ ……… 76-79
マレーバク ……… 109
ミ
ミシシッピワニ ……… 72-75
ミソサザイ ……… 71
ヤ
ヤギ ……… 30
ヤクシマザル ……… 101
ヤドクガエル ……… 83
ヤマネ ……… 91
ヨ
ヨコエビ ……… 109
ラ
ライオン ……… 10-13・16・29・52・53・106・108
ラッコ ……… 58-61・108
レ
レッサーパンダ ……… 30
ワ
渡り鳥 ……… 84
ワニ ……… 72-75・108
ワライカワセミ ……… 70

監修：今泉忠明

東京水産大学（現・東京海洋大学）卒業。国立科学博物館特別研究員として哺乳類の生態調査に参加し、以来、主に野生動物の生態調査・研究に携わる。専門は生態学、分類学。日本動物科学研究所所長。図鑑LIVE『動物』（学研）、『ざんねんないきもの事典』シリーズ（高橋書店）、『夜の生きもの図鑑』（主婦の友社）など監修書籍多数。

命はぐくむ 生きもの家族図鑑

2025年1月10日 第1刷発行

文：小川ナオ
絵：古谷尚子
写真提供：孝森まさひで（ツバメ・カラス）
　　　　　中村武弘（タコ）
　　　　　アドベンチャーワールド（パンダ）
　　　　　アマナイメージズ・PIXTA
アートディレクション・装丁・デザイン：野澤純子
構成・編集：グループ・コロンブス
編集協力：鈴木有一・小島和明（アマナ）
　　　　　伊地知英信
　　　　　工藤孝浩
校正：西岡育子

発行者：中村 潤
発行所：大日本図書株式会社
　　　　〒112-0012 東京都文京区大塚3-11-6
　　　　https://www.dainippon-tosho.co.jp
電　話：03-5940-8678（編集）
　　　　03-5940-8679（販売）
　　　　048-421-7812（受注センター）
振　替：00190-2-219
印　刷：吉原印刷株式会社
製　本：株式会社難波製本

ISBN978-4-477-03541-3 C8645 112P 27.8cm×21.0cm NDC460
©2025 by Dainippon-Tosho Publishing Co., Ltd.　Printed in Japan.
本書の一部あるいは全部を無断で複写複製することは、法律で認められた場合を除き著作権の侵害となります。

■参考資料

『ゴリラ図鑑』著　山極寿一　文渓堂
『くらべてみよう！どうぶつのあかちゃん』むらたこういち監修　ポプラ社
『どうぶつの赤ちゃん』監修・増井光子　金の星社
『教科書にのってるどうぶつの赤ちゃん』文・木坂涼　監修・村田浩一　偕成社
『くらべてみよう！どうぶつの赤ちゃん』監修　小宮輝之　小峰書店
『ベストショット！大自然を生きる　動物の赤ちゃん図鑑』監修　小宮輝之　ポプラ社
『ダーウィンが来た！生きものクイズブック』ダーウィン番組スタッフ　NHK出版
『空を飛ばない鳥たち』監修　上田恵介　誠文堂新光社
『講談社の動く図鑑MOVE 鳥』監修　川上和人　講談社
『愛して育てる　生きもの図鑑』監修　今泉忠明　KANZEN
『生きもののすみか』監修　小宮輝之　学研
『学研の図鑑LIVEさがせ！隠れる生物』監修　木村義志　学研プラス
『カエルのたんじょう』著　種村ひろし　あかね書房
『一生の図鑑』監修　今泉忠明　学研プラス
『カラスのくらし』著　菅原光二　あかね書房
『カラスのひみつ』監修　松原 始　PHP研究所
『田んぼの生きものたち　ツバメ』文　神山和夫　佐藤信敏　渡辺仁　農山漁村文化協会
『ツキノワグマのすべて』著　小池伸介　文一総合出版
『学研わくわく観察図鑑　動物のあかちゃん』監修　小宮輝之　学研プラス
『おどろきと感動の子育て　生きのびるために』監修　今泉忠明　梅沢 実　学研
『自然の観察事典　キタキツネ観察事典』著　竹田津実　偕成社
『サケの観察事典』著　小田英智　偕成社
『おしえて！さかなクン』著　さかなクン　朝日学生新聞社
『どうぶつのおっぱいずかん』監修　今泉忠明　学研プラス
『学研の図鑑LIVE 鳥』監修　小宮輝之　学研プラス
『学研の図鑑LIVE 動物』監修　今泉忠明　学研プラス
『極地の哺乳類・鳥類』監修　内藤康彦　人類文化社